Alexey Saitov
Rinat Gataullin
Victor Saitov

Opracowanie maszyny do ekstrakcji trujących zanieczyszczeń

Alexey Saitov
Rinat Gataullin
Victor Saitov

Opracowanie maszyny do ekstrakcji trujących zanieczyszczeń

Z grubego ziarna

Wydawnictwo Bezkresy Wiedzy

Imprint
Any brand names and product names mentioned in this book are subject to trademark, brand or patent protection and are trademarks or registered trademarks of their respective holders. The use of brand names, product names, common names, trade names, product descriptions etc. even without a particular marking in this work is in no way to be construed to mean that such names may be regarded as unrestricted in respect of trademark and brand protection legislation and could thus be used by anyone.

Cover image: www.ingimage.com

This book is a translation from the original published under ISBN 978-620-0-08191-9.

Publisher:
Wydawnictwo Bezkresy Wiedzy
is a trademark of
Dodo Books Indian Ocean Ltd., member of the OmniScriptum S.R.L Publishing group
str. A.Russo 15, of. 61, Chisinau-2068, Republic of Moldova Europe
Printed at: see last page
ISBN: 978-620-0-81619-1

SPIS TREŚCI

WPROWADZENIE

Ziarna zbóż i innych roślin uprawnych są głównym surowcem do produkcji najważniejszej żywności dla ludzi i paszy dla zwierząt gospodarskich. Dlatego zwiększenie plonu brutto ziarna jest najważniejszym zadaniem stojącym przed sektorem rolniczym Federacji Rosyjskiej. Jedną z głównych rezerw dla zwiększenia produkcji ziarna jest wykorzystanie do siewu materiału zbożowego wysokiej jakości, oczyszczonego z zanieczyszczeń.

W tym przypadku, karmienie oczyszczonych zwierząt ziarnem paszowym z trujących zanieczyszczeń zwiększa ich mleczność, zmniejsza zachorowalność, pozwala na uzyskanie przyjaznego dla środowiska mięsa do żywienia ludzi.

Zboża, zwłaszcza żyto ozime, stanowią priorytet w strukturze plonów zbóż brutto. Jest to tradycyjna i najbardziej rozpowszechniona roślina zbożowa w strefie Ziemi Nieczarnej w produkcji rolnej ze względu na jej bezpretensjonalność w stosunku do warunków uprawy, zdolność do wytwarzania wystarczająco wysokich i gwarantowanych plonów na glebach o niskiej żyzności. Uprawy zbóż, zwłaszcza żyta, są jednak często narażone na działanie sporyszu, który jest trującym zanieczyszczeniem. Silne porażenie żyta sporyszu tłumaczy się długością kwitnienia i strukturą jego kwiatów, które charakteryzują się zapyleniem krzyżowym i są otwarte przez długi czas (120, 136).

Oczyszczanie ziaren zbóż z trujących zanieczyszczeń (stwardnienie sporyszu) odbywa się za pomocą maszyn pneumatycznych, pneumatycznych stołów sortujących, fotoseparatorów i innych urządzeń [15, 35, 34, 115, 160].

Fizyczne i mechaniczne właściwości sklerozy sporyszu są zbliżone do właściwości ziaren zbóż, dlatego tradycyjne metody nie dają dobrych wyników w oddzielaniu sporyszu od ziaren tych roślin [12, 73, 140].

Jedną z właściwości, o których wartości sporysz różni się od ziarna zbóż, jest masa właściwa (gęstość masy), co pozwala na zastosowanie roztworów soli jako separatora ziarna i sporyszu [42].

Dlatego też do czyszczenia materiału siewnego metodą mokrą w celu zmniejszenia strat ziarna w odpadach i zagwarantowania uwolnienia trujących zanieczyszczeń (stwardnienie roztoczy) z ziarna zbóż, przeznaczonych do celów nasiennych, żywienia ludzi i pasz dla zwierząt gospodarskich, konieczne jest zmechanizowanie procesu pracy z opracowaniem odpowiedniej maszyny czyszczącej.

Efektywność produkcji ziarna na cele spożywcze, paszowe i nasienne zależy w dużej mierze od jakości operacji pozbiorczych, uwarunkowanej poziomem technicznym rozwoju maszyn i urządzeń do czyszczenia ziarna. Jednocześnie wielu naukowców [2, 3, 12, 16-18, 22, 33, 37, 44-46, 48, 49, 52, 57, 71-107, 111, 125-127, 140-142, 144-146] rozwiązało większość problemów związanych z rozwojem maszyn do czyszczenia ziarna i linii przepływowych do pozbiorczego przetwarzania ziarna metodami mechanicznymi. Po przeanalizowaniu prac danych naukowców można wyciągnąć wniosek, że głównie przy oczyszczaniu hałd zboża z nieczystości wykorzystuje się wpływ strumienia powietrza i separacji na ruszty. Jednak właściwości fizyczne i mechaniczne zanieczyszczeń trujących (stwardnienie sporyszu) mają zbliżone wartości do właściwości zbóż, dlatego też metody te nie dają dobrych wyników w oddzielaniu sporyszu od ziarna tych roślin, co wymaga stworzenia bardziej wydajnej maszyny czyszczącej, która ma najprostsze, najwygodniejsze w ustawieniu i konserwacji główne korpusy robocze.

W związku z tym istotna jest mechanizacja procesu roboczego polegająca na oddzieleniu zanieczyszczeń trujących od ziarna zbóż, w tym ziarna paszowego przeznaczonego na paszę, wraz z opracowaniem odpowiedniej maszyny czyszczącej.

Nowością naukową wykonanej pracy jest schemat strukturalno-technologiczny maszyny do ekstrakcji zanieczyszczeń trujących (stwardnienie sporyszu) z upraw zbożowych w roztworach soli nieorganicznych, powodujący 100% oddzielenie sporyszu od ziarna w jednym procesie technologicznym przy niskim zużyciu energii procesu technologicznego w porównaniu z istniejącymi maszynami do czyszczenia ziarna. Techniczne rozwiązanie dla opracowania maszyny do oddzielania trujących zanieczyszczeń (stwardnienie roztoczy) od upraw zbóż potwierdzają rosyjskie patenty na wynalazki (załącznik A).

Praktyczne znaczenie pracy polega na tym, że wykonane obliczenia technologiczne i konstrukcyjne pozwalają na etapie projektowania i budowy uzasadnić główne parametry konstrukcyjne i technologiczne głównych korpusów roboczych maszyny do ekstrakcji zanieczyszczeń trujących (stwardnienie sporyszu) z ziarna zbóż. Wyniki obliczeń pozwalają na stworzenie dokumentacji roboczej, na której wykonywana jest maszyna MVS-1,0 do oddzielania zanieczyszczeń trujących (stwardnienie sporyszu) od ziarna zbóż o wydajności 1000 kg/h.

Główne wyniki dotyczące rozwoju maszyny do oddzielania sporyszu od ziarna zbóż przedstawione na XIII, XIV i XV Międzynarodowych Studenckich Konferencjach Naukowych "Wiedza młodych - przyszłość Rosji" (Kirow, Vyatka GSHA, 2015 ... 2018), XVIII Międzynarodowych Konferencjach Naukowych "Rzeczywiste kwestie poprawy technologii produkcji i przetwarzania produktów rolnych. Mosolov Readings" (Yoshkar-Ola, Mari State University, 2016), II i V Międzynarodowa konferencja naukowa i praktyczna "Metody i technologie w hodowli roślin i produkcji roślin" (Kirov, Northeast Research and Development Institute, 2016, 2018, 2019), XVIII Międzynarodowa konferencja naukowa i praktyczna "Metody i technologie w hodowli roślin i produkcji roślin".), Międzynarodowa Konferencja Naukowo-Praktyczna "Rozwój sektorów rolnych w oparciu o zwiększenie efektywności wykorzystania potencjału zasobów" (Kirow, Vyatka SCA, 2017), konkurs w ramach programu "Forum Młodzieży Nadwołżowego Okręgu Federalnego "Wołga-2017". (Kirov, Vyatka GU, 2017), konkurs w ramach programu "Uczestnik X Młodzieżowego Konkursu Innowacji Naukowych "U.M.N.I.K.". (Kirow, Vyatka GU, 2017), forum "Regionalny Klasztor Innowacji" (Kirow, Vyatka GU, 2017), sesja otwarta Sekcji Innowatorów organizacji publicznej "Centrum Rozwoju Innowacji "NOVATOR" (Kirow, Herzen Regionalna Biblioteka Naukowa, 2018) oraz w konkursie V rosyjskiej nagrody narodowej "Student Roku - 2018". (Kazań, Wioska Uniwersytecka, 2018), wydarzenia Otwartej Szkoły Uniwersyteckiej i Technoparku Uniwersyteckiego w Skolkowie (Jekaterynburg, Fundacja Skolkowowo, 2018), Międzynarodowa Konferencja Naukowo-Praktyczna "Rozwój sektorów rolnych poprzez poprawę innowacyjności i działalności inwestycyjnej przedsiębiorstw". (Kirow, Vyatka Państwowa Akademia Rolnicza, 2018), Międzynarodowa Konferencja Naukowa "Energooszczędne technologie i maszyny rolnicze dla rolnictwa północnego i hodowli zwierząt" (Kirow, FSBNU FANC Northeast, 2018). Główne dokumenty dotyczące zatwierdzania wyników badań naukowych znajdują się w załączniku B.

Autorzy wyrażają wdzięczność recenzentom: dyrektorowi "NovoTech" LLC, doktorowi nauk technicznych, profesorowi S.K. Manasyanowi, czołowemu specjaliście Katedry Nauki i Innowacji Krasnojarskiego Państwowego Uniwersytetu Agrarnego M.S. Churinowej i doktorowi nauk technicznych, profesorowi A.A. Loparevowi z Państwowego Uniwersytetu Agrarnego w Witce za cenne uwagi i sugestie zgłoszone podczas przygotowywania pracy naukowej do publikacji (załącznik D).

1 PRZEGLĄD INFORMACJI NAUKOWYCH I TECHNICZNYCH W SPRAWIE MECHANIZACJI UWALNIANIA TRUJĄCYCH ZANIECZYSZCZEŃ CROPS

1.1 Skład hałdy ziarna w zbiorniku i wymogi dotyczące ziarna oczyszczonego

główne uprawy zbóż

Zboże jest najstarszym produktem spożywczym człowieka, a w wyniku rozwoju wydajności pracy i jego wystarczającej produkcji - paszy dla zwierząt hodowlanych, a także surowców dla przemysłu. Dlatego produkcja zboża ma ogromne znaczenie dla rozwoju gospodarczego Federacji Rosyjskiej i zapewnia bezpieczeństwo kraju na rynku żywności.

Obecnie produkcja zboża jest dość zmechanizowana. Zbiór zbóż z pól uprawnych odbywa się za pomocą samobieżnych kombajnów zbożowych, w których zmłócona masa chleba gromadzona jest w bunkrze. Zbiornik zbożowy dostarczany z kombajnów zbożowych do punktów przetwórczych po zbiorze to mieszanka pełnych, drobnych, namiotowych, ubitych i zjedzonych ziaren rośliny głównej, ziarna i nasiona innych zbóż i roślin strączkowych oraz różne chwasty, sklerozy (rogi) sporyszu, polovy, części łodyg, kłoski, kwiatostany i liście roślin i traw, a także piasek, bryły gleby, kamienie. Zwałowisko ziarna może również zawierać zanieczyszczenia metalowe, które dostają się do niego podczas zbioru i transportu (rys. 1.1) [3, 24, 104, 106].

Małe, malutkie, pobite i zjedzone ziarna rośliny głównej, a także nasiona i ziarna innych zbóż i roślin strączkowych w stercie ziarna stanowią domieszkę do ziarna. Domieszka zbożowa ma mniejszy wpływ na jakość ziarna oraz ma pewną wartość pokarmową i paszową dla zwierząt hodowlanych [24, 151].

Chwast jest zanieczyszczeniem, które pogarsza jakość ziarna, niekorzystnie wpływa na smak, kolor i zapach jego produktów. Grupa ta obejmuje zanieczyszczenia mineralne i organiczne. Oddzielna część zanieczyszczeń chwastowych uwzględnia szkodliwe zanieczyszczenia, które są niebezpieczne dla zdrowia ludzi i zwierząt [24, 151].

Rysunek 1.1 - Klasyfikacja hałdy ziarna w leju wsypowym według składu ziarnowego

Domieszką mineralną są bryły ziemi i piasku, kamienie, a także zanieczyszczenia metaliczne. Zanieczyszczenia te, po uwolnieniu do produktów, powodują uczucie chrupania, mogą powodować choroby żołądkowo-jelitowe u ludzi i zwierząt, dlatego też muszą być całkowicie usunięte z materiału ziarnistego.

Domieszka organiczna składa się z części łodyg roślin, kłosów, kwiatostanów i liści roślin, podłogi. Ta domieszka należy do martwego sorgo i przez swój skład chemiczny jest głównie włóknem drzewnym, a zatem nie ma nawet wartości paszowej, ale jest korzystnym środowiskiem dla rozwoju mikroorganizmów, zanieczyszcza ziarno i zmniejsza jego stabilność podczas przechowywania.

Do szkodliwych zanieczyszczeń należą trujące nasiona chwastów, które nie są pożądane w masie ziarna. Nasiona musztardy, kąkolu, lalek i innych trujących roślin mają właściwości trujące i gorzki smak. Poza wymienionymi nasionami chwastów, szkodliwa domieszka obejmuje choroby grzybicze roślin uprawnych - głowy i stwardnienie (rogi) sporyszu, a także fusarium i zepsute ziarna od koloru brązowego do czarnego [24, 150].

W celu zachowania jakości żywności, materiału siewnego i pasz należy oczyścić zbiornik ziarna i w miarę możliwości usunąć wszelkie zanieczyszczenia. W zależności od celów spożywczych lub paszowych ziarno ma różne wymagania co do zawartości zanieczyszczeń, w szczególności co do dopuszczalnego poziomu zanieczyszczeń trujących w nim.

Maksymalne dopuszczalne poziomy szkodliwych zanieczyszczeń w ziarnach głównych roślin zbożowych dostarczanych na cele spożywcze i paszowe zostały przedstawione w tabeli 1.1. Regulamin techniczny Unii Celnej Unii Celnej CU "O bezpieczeństwie ziarna" ustanowił maksymalne dopuszczalne poziomy zawartości sporyszu w ziarnie żyta, pszenicy, dostarczanym do celów spożywczych - nie więcej niż 0,05 %, a główek i sporyszu w ziarnie jęczmienia i owsa - nie więcej niż 0,1 %. Ponadto maksymalna zawartość musztardy w tych uprawach nie powinna przekraczać 0,1%, a kąkolu w ziarnie jęczmienia - nie więcej niż 0,1%. W ziarnach żyta, pszenicy, jęczmienia i owsa dostarczanych na paszę, pełzanie gorczycy (z wyjątkiem owsa), sporyszu i głowy w sumie nie może przekraczać 0,1%, a marionetki - nie więcej niż 0,5% [128].

Tabela 1.1 - Maksymalne dopuszczalne poziomy szkodliwych zanieczyszczeń w ziarnach głównych roślin zbożowych dostarczanych na cele spożywcze i paszowe

Nazwa zanieczyszczenia	Dopuszczalny poziom zanieczyszczeń w ziarnie, %, nie więcej niż			
	żyto	pszenica	jęczmień	markiza
do celów spożywczych				
Marionetka	–	–	–	–
Poziom	–	–	0,1	–
Pełzająca gorzkość	0,1	0,1	0,1	0,1
Szef	-	-	0,1	0,1
Sprawy sporne	0,05	0,05	0,1	0,1
żerowanie				
Marionetka	0,5	0,5	0,5	0,5
Poziom	–	–	–	–
Pełzająca gorzkość	0,1	0,1	0,1	0,04
Szef	0,1	0,1	0,1	0,1
Sprawy sporne	0,1	0,1	0,1	0,1

Tak rygorystyczne wymogi dotyczące ziarna dostarczanego do celów spożywczych i paszowych wynikają z faktu, że szkodliwe zanieczyszczenia są trujące i wpływają na zdrowie ludzi, zwierząt i ptaków [39].

Nasiona lalek zawierają saponinę (glukozydy agrospermę), która powoduje działanie narkotyczne i niszczenie czerwonych kulek krwi. Dodatek ziaren dolly zmniejsza objętość, pogarsza kolor i strukturę chleba, nadaje mu gorzkawy smak. Nasiona żyta są bardzo trujące z powodu rozwijającego się na nich grzyba. Raz w mące i chlebie, kąkol powoduje zawroty głowy, senność, utratę przytomności, skurcze, i dlatego taki chleb nazywa się "pijany". Nasiona musztardy są trujące, pełzające i mają gorzki smak [150, 151].

Zarodniki głowicy gromadzą się w rowku ziarna lub mogą przykleić się do dowolnej części powierzchni ziarna surowego. Chleb z mąki zawierającej zarodniki głowy ma kolor szarawy lub niebieskawy. Kiedy ziarna mączki i chleba są zanieczyszczone, mają nieprzyjemny zapach podobny do zapachu solanki śledziowej. Odgałęzienia klinkierują małe naczynia, podrażniają i zakłócają aktywność błon śluzowych jelit [14].

Szyszki ergotonowe zawierają substancje toksyczne - alkaloidy (ergotomin, ergotoksyna, ergobazyna), które powodują niebezpieczne choroby u ludzi, zwierząt i ptaków. Zawroty głowy, osłabienie, skurcze i halucynacje narkotykowe są objawami tej choroby u ludzi. Może być śmiertelny w wyniku paraliżu oddechowego. W niektórych przypadkach podczas zatrucia sporyszem rozwija się gangrena kończyn. Jednak objawy zatrucia sporyszem u ludzi, zwierząt i ptaków są podobne. Dlatego też produkty z ziarna żyta z domieszką sporyszu nie nadają się do wypieku chleba i przygotowywania żywności dla zwierząt hodowlanych i ptaków [20, 61, 66, 136, 137].

Aby oczyścić zboże zbiornika na ziarno z wykończeniem jego czystości zgodnie z wymogami dla żywności, nasion i pasz, konieczna jest analiza właściwości fizycznych i mechanicznych głównych roślin zbożowych oraz szkodliwych zanieczyszczeń.

1.2 Właściwości fizyczno-mechaniczne głównych roślin zbożowych i trujące zanieczyszczenia

Czyszczenie i sortowanie zwałowiska ziarna w zbiorniku opiera się na wykorzystaniu fizycznych i mechanicznych właściwości jego składników, które obejmują wymiary geometryczne ziarna (długość, szerokość, grubość i kształt), prędkość obrotową (właściwości aerodynamiczne) i stan jego powierzchni, ciężar właściwy substancji ziarnistej (gęstość), masę bezwzględną (masa 1000 ziaren), kolor, sypkość, przewodność elektryczną i inne [12, 22, 119, 126].

Te właściwości składników zwałowiska ziarna leja zależą w dużej mierze od rodzaju i odmiany upraw, wilgotności, dojrzałości, strefy i warunków uprawy chleba, a także innych warunków i mogą być bardzo zróżnicowane. Najważniejsze właściwości fizyczne i mechaniczne nasion głównych roślin zbożowych oraz szkodliwe zanieczyszczenia chwastami podano w tabeli 1.2 [12, 42, 57, 106].

Główne rośliny zbożowe wykorzystywane do żywienia ludzi i zwierząt gospodarskich to żyto, pszenica, jęczmień i owies. Szkodliwe chodaki, takie jak kukiełki, kąkol, musztarda, gąsienice, główka i sporysz są najczęstszymi zanieczyszczeniami w tych uprawach [39, 150].

Tabela 1.2 - Właściwości fizyczne i mechaniczne nasion głównych roślin zbożowych oraz szkodliwe zanieczyszczenia chwastami

Nazwa kultury i zanieczyszczenia	Współczynnik witalności, m/s.	Rozmiary nasion i zanieczyszczeń, mm			Ciężar właściwy, g/cm3
		Grubość	Szerokość	Długość	
uprawy zbóż					
Żyto	8,4...10,5	1,2...3,5	1,4...3,6	5,0...10,0	1,2...1,5
Pszenica	8,9...11,5	1,5...3,8	1,6...4,0	4,2...8,6	1,2...1,5
Jęczmień	8,4...10,8	1,4...4,5	2,0...5,0	7,0...14,6	1,3...1,4
Owies	7,0...9,0	1,2...3,6	1,4...4,0	8,0...18,6	1,2...1,4
Zanieczyszczenia					
Marionetka	–	1,6...3.0	2,0...3,8	2,8...4,4	1,2...1,3
Poziom	4,5...9,5	0,7...1,4	1,4...2,2	3,7...5,5	-
Pełzająca gorzkość	2,7...5,5	0,7...1,3	1,1...2,1	2,6...4,0	0,7...1,5
Szef	–	–	–	–	–
Sprawy sporne	4,5...9,6	0,8...1,8	1,0...3,0	3,4...14,6	0,9...1,15

Lalka zatyka większość pszenicy jarej, żyto - zimę. Nasiona lalki są czarne, w kształcie pąków, pokryte zębami. Życina mocno zatyka chleb jary, taki jak pszenica, jęczmień, owies, zwłaszcza po mokrej jesieni i wiosną, oraz pszenica ozima. Życica ma kształt eliptyczny, około 5,5 mm długości, z małymi, niewyraźnymi wypukłościami i zauważalnym zarodkiem, po stronie brzusznej rowkowanym, ma długość 0,7 ... 1,2 cm. Musztarda zatyka wszystkie uprawy, nasiona o białym kolorze, mają nagi owalny kształt, ściśnięte z boków podłużnymi rowkami, z łatwo łamanym grzbietem. Długość nasion wynosi 4,0 mm [150, 151].

Głowa to choroba grzybowa, dotykająca pszenicę, jęczmień, owies i inne uprawy. Pszenica najczęściej wpływa na twardą i mokrą lub śmierdzącą głowę. Worki na głowę mają podobny kształt i wielkość do ziaren pszenicy. Po ich zgnieceniu rozsypuje się czarny pył, który jest zarodnikiem głowicy przylegającym do powierzchni ziaren. Podczas siewu takich ziaren bez nawożenia, zarodniki głowy kiełkują i zarażają nowe rośliny. Szczególnie wiele zarodników gromadzi się na brodzie ziarna, które staje się niebieskie. Takie ziarna nazywane są ziarnami niebiesko-grodzkimi. Głowa również przykleja się do powierzchni ziaren surowych, które nazywane są bordowymi. Ziarna niebieskie i bordowe są połączone pod wspólną nazwą ziaren głowiastych. Zarodniki główki jęczmienia pozostają w kłosie przed młóceniem, w ziarnie występują jako twarde bryły, które są łamane na kawałki. Zakażenie zarodnikami następuje w momencie kiełkowania ziarna. Stała głowa w jęczmieniu jest trudnym do oddzielenia zanieczyszczeniem [14, 150, 151].

Spory najczęściej dotyczą żyta, a w latach wilgotnych najczęściej występują na pszenicy, jęczmieniu, owsie, prosie, tymotei i innych ziołach zbożowych. Silne porażenie żyta sporyszu tłumaczy się długością kwitnienia i strukturą jego kwiatów, które charakteryzują się zapyleniem krzyżowym i są otwarte przez długi czas. Gdy podczas dojrzewania żyta dotknięte są kłosy sporyszu, zamiast ziaren tworzy się podłużna skleroza grzybowa (rogowa). W masie ziarna sporysz występuje w postaci wydłużonych czarnofioletowych rogów o długości od kilku milimetrów do 5 cm lub większej (rys. 1.2) [19, 39, 133, 136, 149].

Podczas zbiorów skleroza grzyba jest częściowo zraszana na powierzchni gleby, a część z niej wchodzi do ziarna jako zanieczyszczenie. Trzustki opadające na ziemię i wysiewane z materiałem siewnym oraz z dzikich zbóż służą jako źródło infekcji. Ponadto żywotność twardzieli (rogów) jest zachowana w glebie przez okres do dwóch lat [136, 137].

a б

Rysunek 1.2 - Ogólny typ kłosa żytniego ze stwardnieniem sporyszu (a) i nasion żyta ze stwardnieniem sporyszu (rogi) (b)

Obecność przechodzącego funduszu nasiennego (po roku przechowywania) wskazuje, że twardzina traci zdolność do kiełkowania i tworzenia stromów, co charakteryzuje początek fazy marsupialnej grzyba i określa pewien potencjał infekcji. Jednak według badań Z.V. Dąbkowicza, po roku przechowywania ziarna, żywotność utrzymuje się w 5,7% sklerozy sporyszu, a po dwóch latach - tylko w 0,5%. Według badań przeprowadzonych przez Laboratorium Immunologiczne FANC FSBNU z północno-wschodniej części kraju, żywotność nasion funduszu przejściowego (po roku przechowywania) utrzymuje się w 10% stwardnienia (rogów) roślin sporyszu [32, 135].

Wysoka wilgotność powietrza, długi okres kwitnienia, deszczowe lato, opady w pierwszej połowie okresu wegetacji żyta przyczyniają się do rozwoju choroby. Dlatego też najkorzystniejszymi obszarami, na których wilgotność powietrza wynosi 70% lub więcej oraz umiarkowanie ciepła pogoda ok. ^{200C} w okresie kwitnienia, zapewniająca wysoką produktywność roślin sporyszu, są republiki bałtyckie, zachodnie regiony Ukrainy i Białorusi, Europa Środkowa, wiele obszarów Dalekiego Wschodu i północno-wschodniej Europy [8, 66, 136].

W wyniku zanieczyszczenia upraw sporyszu zbożem, kłosy stają się mniej nieskazitelne, a w rezultacie straty plonów mogą sięgać 13%, a według niektórych badań mogą sięgać 34% [20, 38, 54, 137].

W celu kontroli zarażenia upraw żyta ozimego, jak również innych zbóż, konieczne jest zastosowanie zestawu środków rolniczych: punktualne (przed kwitnieniem) koszenie traw zbożowych wzdłuż granic pól, dróg, obrzeży, wąwozów; punktualny zbiór roślin chlebowych ze wstępnym oddzielnym zbiorem pasów obrzeżowych, gdzie z reguły rośliny są silniej dotknięte przez rośliny sporyszu; usunięcie ścierniska i późniejsza głęboka jesienna orka, która zapewnia głębokie sklerozy uniemożliwiające ich kiełkowanie; płodozmian, w którym powrót sporyszu dotknął ziarna nie wcześniej niż za dwa lata; chemiczna obróbka nasion żyta przy użyciu środków grzybobójczych; rozwój odmian odpornych na zakażenie sporyszem i dokładne czyszczenie ziaren sporyszu na maszynach czyszczących ziarna [10, 53, 56, 120, 121].

Wykorzystanie fizycznych i mechanicznych właściwości składników materiału zbożowego pozwala na stworzenie maszyn, mechanizmów i urządzeń przetwarzających hałdę ziarna w zbiorniku podczas zbioru, spełniając wymagania dla ziaren żywności, nasion i pasz.

1.3 Rodzaje i sposób działania maszyn do czyszczenia ziarna do przetwórstwa

głównych ziaren chwastów i zanieczyszczeń trujących

Maszyny do wstępnego, wstępnego i wtórnego oczyszczania ziarna, a także specjalne maszyny do oddzielania trudnych do oddzielenia zanieczyszczeń chwastowych, do których należą w szczególności zanieczyszczenia trujące, tj. stwardnienie sporyszu, stosowane są do przetwarzania zwałowisk ziarna w zbiorniku [50, 147].

Oczyszczanie i oddzielanie hałdy zboża w pierwszym etapie odbywa się za pomocą maszyn czyszczących, które różnią się rodzajem korpusów roboczych na kraty, powietrzem i ekranowane powietrzem, a metodą instalacji mogą być stacjonarne, stosowane w liniach przepływowych punktów przerobu zboża, oraz ruchome, stosowane do przerobu hałdy zboża w otwartych przestrzeniach punktów odbioru zboża. Najczęściej używane są maszyny z elementami pneumatycznymi i rusztowymi. Kombinacja takich elementów roboczych posiada samojezdne urządzenie do czyszczenia hałd OVS-25 oraz jego wariant stacjonarny OVS-25C (Rys. 1.3) [73, 104, 155].

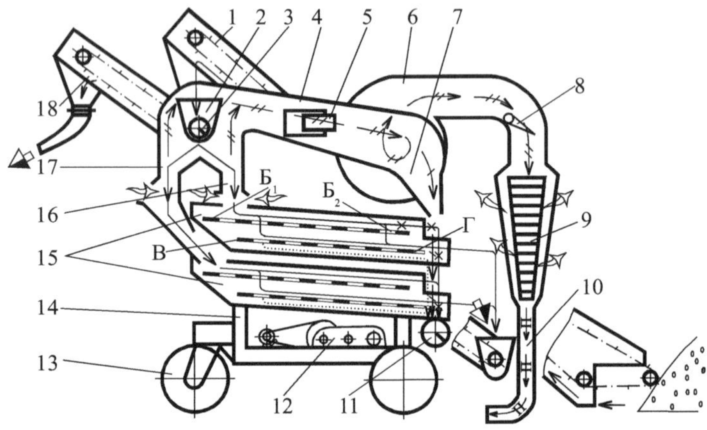

—> - strumień oczyszczonego materiału; - strumień powietrza bez zanieczyszczeń; - strumień powietrza z pyłem; - strumień powietrza z łatwym zanieczyszczeniem; - duże zanieczyszczenie; - małe zanieczyszczenie; - oblegane łatwe zanieczyszczenie; - oczyszczony materiał

Rysunek 1.3 - Schemat technologiczny samobieżnego urządzenia do czyszczenia hałdy SWS-25: 1 i 18 - przenośniki załadowcze i rozładowcze; 2 - komora odbiorcza; 3 - ślimak niwelacyjny; 4 - kanałowe; 5, 8 - klapy regulacyjne; 6 - wentylator; 7 - komora osadowa; 9 - odpylacz; 10 - przenośnik pneumatyczny; 11 - ślimak odpadowy; 12 - mechanizm samoczynnego przesuwania; 13 - koło; 14 - rama; 15 - młyny rusztowe; 16 i 17 - kanały rozdzielające pneumatyczne.

Zasada działania tej pneumatycznej maszyny rusztowej polega na tym, że najpierw sterta ziarna jest oczyszczana z zanieczyszczeń w kanałach separacji pneumatycznej 17, a następnie w młynach rusztowych 15. W wyniku stwardnienia (rogi) sporysz o mniejszej masie w porównaniu z ziarnami głównego plonu, przydzielany jest przez strumień powietrza, a duże na wielkość stwardnienia (rogi) sporysz usuwany jest przez zejście z rusztu Ø 6 ... 7 mm, pozostałe małe - przez przejście przez ruszt o podłużnych otworach 1,8x2,0 mm.

Czyszczarka wstępna IGO-50 i jej wariant MPR-50 z przystawką do rusztu RP-50 znalazły szerokie zastosowanie również w produkcji krajowej, Oczyszczarki wstępne zboża IGO-50S i MPR-50S z zainstalowanym w części odbiorczej bębnem siatkowym zamiast przenośnika siatkowego jak w maszynie IGO-50, oczyszczarce wstępnej zboża IGO-100, a także oczyszczarki zboża K-523B, K-524, K-525, K-526, K-527A, K-528 niemieckiej firmy "Petkus" [17, 47].

Dla gospodarstw północno-wschodniego regionu Rosji w JSC "Yaranskiy Mechanical Plant" w obwodzie kirowskim opanowano produkcję do wstępnego oczyszczania ziarna z maszyny lotniczo-kolejowej MZU-25/15 [12].

FGUP PKB NIISH północno-wschodniej (Kirow) maszyny do wstępnego oczyszczania ziarna i nasion MPO-30D, MPO-30P, MPO-30DF, MPO-30RP "Veles", MPO-60D zostały opracowane i są produkowane [67, 119, 126].

Szereg gospodarstw wykorzystuje maszyny MPU-15, MPR-50S, OZS-50 i MPU-70 produkowane przez Państwowe Przedsiębiorstwo Unitarne "Czyszczenie Zboża" do wstępnego oczyszczania hałdy zboża. (Woroneż), USV-60 JSC "Voronezhselmash", MZ-10S budowy JSC "Technics Service" (Woroneż), MAK-10 produkowane przez JSC "TverSelmash", SS-100, którego produkcja została opanowana przez JSC "Karlovsky Machine-Building Plant" (Ukraina) [45, 131, 152, 154, 155].

W linii technologicznej zespołów i kompleksów po suszarni znajdują się maszyny do wstępnego oczyszczania ziarna, których zadaniem jest doprowadzenie ziarna do warunków surowcowych dla celów spożywczych.

W trybie pierwotnego oczyszczania ziarna przy pewnej regulacji części powietrznej i specyficznym obciązeniu rusztów mogą pracować maszyny i czyszczenie wstępne ziarna OVS-25, OVS-25S, MPR-50, MS-10S, K-523B, K-527A, MZU-25/15, MPO-30D, MPO-30DF, MPO-60D i inne [11, 73, 126].

W krajowych liniach kruszyw i zespołów, głównie w trybie pierwotnego oczyszczania ziarna, stosuje się maszyny z sitami powietrznymi ZAV-10.30.000 i ZVS-20, których schemat technologiczny przedstawiono na rysunku 1.4 [126].

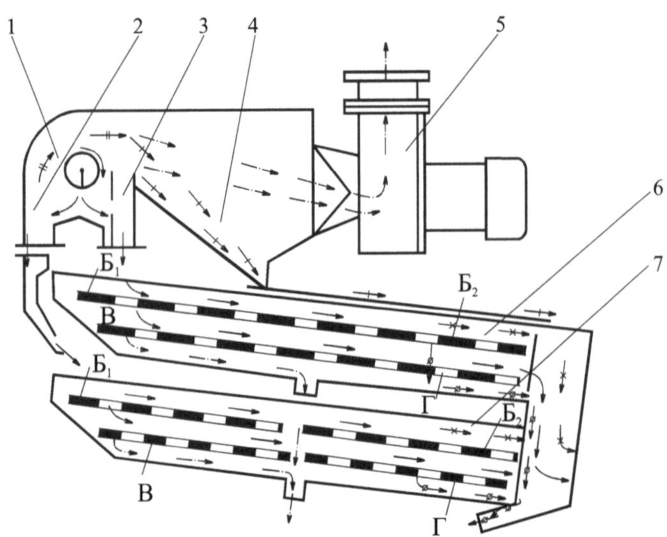

—> - materiał poddany obróbce; —ǁ—>- powietrze z lekkimi zanieczyszczeniami; —+—>- zanieczyszczenia lekkie; —ø—>- klasa II;— · —> - drobne zanieczyszczenia;
—×—> - grube zanieczyszczenia

Rysunek 1.4 - Schemat technologiczny maszyny z kratkami wentylacyjnymi ZVS-20A:

1 - komora odbiorcza; 2, 3 - kanały rozdzielające pneumatyczne; 4 - komora osadowa; 5 - wentylator; 6 i 7 - młyny kratowe; *B1*, *B2*, *B*, *D* - kraty

Przy pracy danej maszyny materiał ziarnisty jest przetwarzany najpierw strumieniem powietrza, a następnie jest dzielony przez kraty na frakcje czystego ziarna, paszy, małych i dużych zanieczyszczeń.

Wiele gospodarstw w kraju używa również do wstępnego czyszczenia ziarna maszyn MZS-5, MZS-10 i MZS-25 produkowanych przez CJSC "Technika Service" (Woroneż), odśrodkowych maszyn wibracyjnych MZP-25, MZP-50 produkowanych przez JSC "Czyszczenie ziarna". (Woroneż), R8-BTS-25, R8-BTS-50 OAO "Żitomir "Wibroparator" (Ukraina) [12, 45, 126, 131, 154, 155].

Wtórne przesiewacze powietrza stosowane są do obróbki nasion, które zostały poddane wstępnemu czyszczeniu, które powinno doprowadzić nasiona do czystości norm wysiewu. Do wykonania tej operacji obecnie w wielu gospodarstwach stosuje się maszyny do czyszczenia ziarna MVO-7, MVO-10 i MVO-20D opracowane przez FSBNU FANC z północno-wschodniej części gospodarstwa, MVO-20 i MVU-1500 produkowane przez JSC SSCB "Grain-cleaning". (Woroneż), K-547A10 niemieckiej firmy "Petkus" [12, 43, 45, 138].

W przypadku obecności trudnych do oddzielenia zanieczyszczeń w materiale zbożowym w oczyszczalniach wtórnych pneumatyczno-kolejowych SM-4,5 firmy JSC "Voronezhselmash" i "Petkus Giant" K-531 niemieckiej firmy "Petkus" (rysunek 1.5) stosuje się [12, 43, 126].

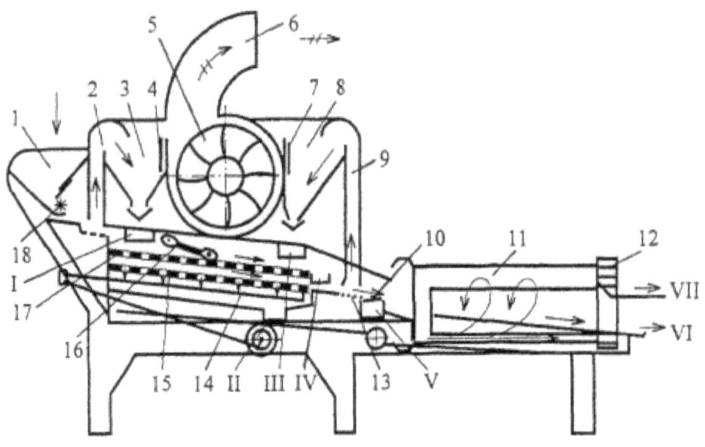

⟶ - materiał przetworzony; ⟶ - powietrze odlotowe

Rysunek 1.5 - Schemat technologiczny "Petkus Giant" K-531 - maszyna lotniczo-kolejowa i terrier: 1 - bunkier odbiorczy; 2 i 9 - pierwsze i drugie PSK; 3 i 8 - komory osadowe; 4, 7 i 10 - klapy; 5 - wentylator; 6 - wyjściowa rura odgałęźna; 11 - cylindry tripleksowe; 12 - koło łopatkowe; 13 - kratka; 14 - szczotki; 15 - sito denne; 16 - podbivalshchik; 17 - sito górne ; 18 - wał podający; I i III - zanieczyszczenia lekkie; II - siew; IV - zanieczyszczenia duże; V - zanieczyszczenia czyste (z wyłączonymi trojaczkami); VI - zanieczyszczenia krótkie; VII - zanieczyszczenia czyste (z przejściem przez walce trojaczkowe).

Zanieczyszczenia chwastobójcze, które nie zostały oddzielone podczas wstępnego i wstępnego czyszczenia, są czyszczone w tych maszynach za pomocą przepływu powietrza, rusztów i tripperów. Długie stwardnienia (rogi) gatunków sporyszu trudnych do oddzielenia przez przepływ powietrza i ruszty płaskie wyróżniają się powierzchnią trierdzia z komórkami Ø 8 mm, a krótkie gatunki sporyszu - powierzchnią trierdzia z komórkami Ø 4,5 ... 5,0 mm.

Jednakże maszyny do wstępnego, wstępnego i wtórnego oczyszczania nie zapewniają całkowitego oddzielenia trudnych do oddzielenia zanieczyszczeń chwastowych (w tym stwardnienia sporyszu), których liczbowa charakterystyka wielkości i właściwości aerodynamiczne z powodu mutacji są bardziej podobne lub równe ziarnom głównego zbioru [132].

W większości przypadków trudne do oddzielenia zanieczyszczenia mają różną gęstość i można je zidentyfikować na tablicach do sortowania powietrza (PSS). Obecnie JSC SSCB "Grain cleaning" produkuje dwa modele PSS: maszynę do końcowego czyszczenia nasion Mos-9N oraz pneumatyczny stół do sortowania PSS-1 (rysunek 1.6) [15, 131, 153].

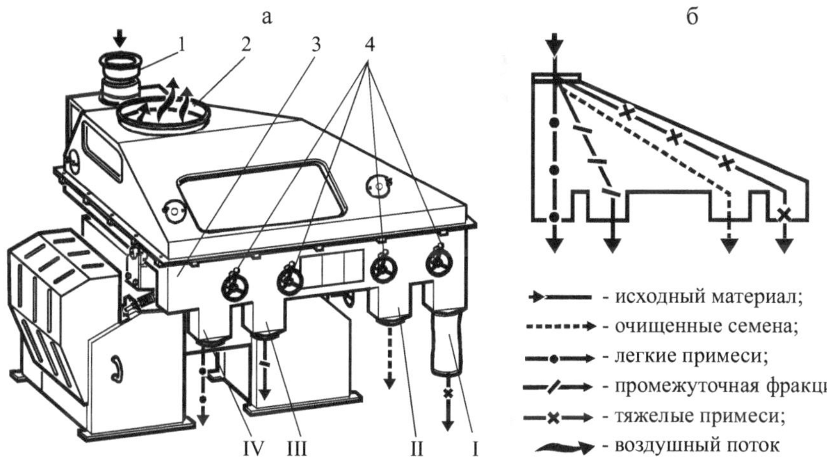

Rysunek 1.6 - Widok ogólny a) i wykres przepływowy b) maszyny do czyszczenia końcowego ISO-9: 1 - okno ładowania; 2 - kołnierz ekstrakcyjny; 3 - pokład;
4 - dźwignie i koła ręczne do sterowania częstotliwością i amplitudą oscylacji pokładowych;
I - rura wydechowa dla ciężkich zanieczyszczeń; II - rura wydechowa dla nasion oczyszczonych; III - rura wydechowa dla ziarna drugiego gatunku; IV - rura wydechowa dla lekkich zanieczyszczeń.

Czyszczenie trudnych do oddzielenia zanieczyszczeń i sortowanie nasion na PSS jest końcową operacją procesu technologicznego ich przygotowania i odbywa się już na kompleksie właściwości: gęstości (ciężaru właściwego), kształtu i właściwości powierzchni. Główną zasadą czyszczenia nasion na PSS jest podział gęstości oscylującej powierzchni roboczej pokładu 3, wydmuchiwanej przez strumień powietrza od dołu. Wpływ drgań pokładu i przepływu powietrza powoduje, że obrabiany materiał przechodzi w stan płynny. Cząsteczki o większej gęstości są opuszczane na powierzchnię płyty, a przy mniejszej gęstości unoszą się w górę. Dolne warstwy na skutek tarcia i sił bezwładności przesuwają się w kierunku oscylacji płyty dźwiękowej i są wyprowadzane przez dyszę wylotową, natomiast górne warstwy, które mają niewielkie połączenie z dolną, przepływają pod wpływem grawitacji w kierunku opuszczonej krawędzi płyty dźwiękowej i są wyprowadzane przez inne dysze. Frakcja śródmiąższowa jest zazwyczaj kierowana do materiału źródłowego. Nasiona o większej gęstości i wyższej jakości wysiewu są uwalniane. Usuwając nasiona o niskiej gęstości z PCC, można znacznie zwiększyć wartość biologiczną pozostałych nasion.

Inne pneumatyczne stoły do sortowania TDV firmy "Okrim" (Włochy), ZETA firmy "Damas" (Szwecja), KD firmy "Petkus" (Niemcy), MVS-10, SPS-5 i PSS-2,5 rozwoju JSC SSCB "Czyszczenie ziarna" również mają podobny proces technologiczny. [15, 63, 126].

PSS jest jednak najbardziej złożoną maszyną do czyszczenia ziarna, posiada dużą liczbę wzajemnie powiązanych parametrów konstrukcyjnych mających wpływ na proces pracy, wymaga systematycznej kontroli jej pracy i wysoko wykwalifikowanej konserwacji, dlatego w procesie eksploatacji maszyny te są wykorzystywane nieefektywnie i w wielu przypadkach są wyłączone z linii technologicznej [34].

Obecnie do czyszczenia ziarna opracowano fotoseparatory, które mogą być również stosowane do oddzielania trujących zanieczyszczeń od materiału ziarnistego. Technologia oczyszczania materiału ziarnistego z zanieczyszczeń poprzez fotoseparację polega na kalibracji nasion za pomocą szybkiego skanowania liniowego i dalszej obróbce z wykorzystaniem technologii foto sortowania mieszanki. Schemat technologiczny fotoseparatora do oczyszczania materiału ziarnistego z zanieczyszczeń przedstawiono na rys. 1.7 [134, 164].

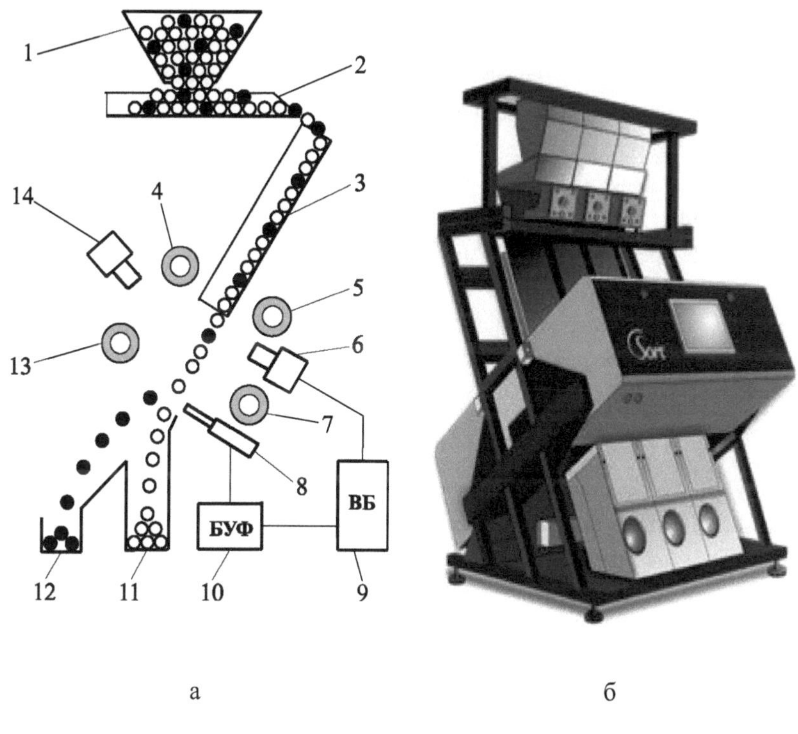

- przepływ obranych ziaren; - przepływ zanieczyszczeń chwastowych

Rys. 1.7 - Schemat technologiczny (a) fotoseparatora do oczyszczania materiału ziarnistego z zanieczyszczeń i widok ogólny (b) fotoseparatora "Zorkiy" produkowanego przez LLC "SeaSort" (Moskwa). Barnaul): 1 - lej zasypowy; 2 - podajnik wibracyjny; 3 - kanały dystrybucji; 4, 5, 7 i 13 - świetlówki; 6 i 14 - kamery; 8 - wtryskiwacz; 9 - zespół obliczeniowy; 10 - elektroniczny zespół sterujący dyszami; 11 - komora oczyszczonego produktu; 12 - odbiornik na odpady

Zasada działania separatora polega na tym, że materiał zbożowy, który ma zostać oddzielony, podawany jest do zbiornika zasypowego maszyny 1. Z zasobnika 1 materiał zbożowy jest podawany przez automatyczną regulację do podajnika wibracyjnego 2, który równomiernie rozprowadza go przez kanały dystrybucyjne składające się z 3 tacek, które są wieloma równoległymi ścieżkami. Ponadto, materiał zbożowy, poruszając się z przyspieszeniem w dół kanałów dystrybucyjnych 3, wchodzi w obszar kontrolny oświetlony świetlówkami 4, 5, 7 i 13. W obszarze inspekcji materiał zbożowy przechodzi między kamerami 6 i 14. Kamery 6 i 14, podczas skanowania nasion produktu, otrzymują odpowiednie odbicie światła. Dane z kamer 6 i 14 są przekazywane do jednostki obliczeniowej 9 analizy obrazu zalążkowego. Na podstawie wyników analizy obrazu, sygnały są formułowane i przekazywane do elektronicznej jednostki sterującej dyszami 10. Zawór pneumatyczny dyszy 8 o wybranym adresie otwierany jest w momencie przelotu niestandardowego ziarna, które wydmuchiwane jest impulsem sprężonego powietrza pod ciśnieniem 0,3 ... 0,5 MPa do zbiornika na odpady 12. Ziarna, odpowiadające zadanej jakości, przemieszczają się przez obszar kontrolny poprzez przepływ do komory oczyszczonego produktu 11 [69, 157].

Wielu producentów oferuje dziś szeroką gamę takich urządzeń. Dostawcami fotoseparatorów są często kraje, w których opracowywane są najnowsze technologie i elektronika. Podobnie jak w przypadku separatorów fotoelektronicznych stosowane są nowoczesne, innowacyjne technologie, takie kraje jak Korea (serie "Rowel"), Japonia (serie "Satake"), Chiny (serie "Optima" i "Matrix"), Włochy (serie "Pixel", "Next" i "Fjuchura") oraz szereg innych krajów europejskich odnoszą sukcesy w rozwoju i wydaniu [51, 161].

Pionierami w rozwoju i produkcji fotodetektorów w Federacji Rosyjskiej są OAO Voronezhselmash (Woroneż), OOOO Engineering Systems (Kostroma) i OOOO SiSort (Barnaul). Zakład Voronezhselmash produkuje fotoseparatory F5.1, F10.1, F15.1 i F20.1, LLC "Engineering Systems" produkuje fotoseparatory ES-FS-250 i Visual Sorter FSG-250, a LLC "SeaSort" - fotoseparatory "Zorkiy". Wydajność produkowanych fotoseparatorów w zależności od znaku waha się w granicach 0,4 ... 16,0 t/h, a zainstalowana wydajność 0,6 ... 2,5 kW. Produkcja takich separatorów jest jednostkowa, roczne zapotrzebowanie rynku krajowego kraju wynosi nie więcej niż 160 sztuk takich urządzeń [65, 159-163].

Producenci twierdzą, że fotoseparatory są najdoskonalszymi urządzeniami do czyszczenia materiału ziarnistego, są kompaktowe, nie uszkadzają ziarna w procesie czyszczenia, zużywają niewiele energii elektrycznej, pozwalają na czyszczenie ziarna z kompletnością zanieczyszczeń 80 ... 90%, osiągając 99,9% czystości produktu końcowego [64, 69, 160].

Wydajność separatora jest jednak bezpośrednio uzależniona od stopnia porażenia materiałem zbożowym i może się zmieniać dziesiątki, a nawet setki razy. Instalacja maszyny na początku lub na środku linii technologicznej grozi awarią i przedwczesną awarią urządzenia z powodu znacznej zawartości różnych zanieczyszczeń chwastowych. W związku z tym przyjmuje się, że należy rozważyć końcowe oczyszczenie maszyny do fotoseparatorów, tam gdzie jest ono najbardziej efektywne. W przypadku zwykłej pracy fotoseparatora przy nominalnej wydajności zatykanie się początkowych surowców nie powinno przekraczać 5 ... 7% [69, 157].

Jednocześnie praktyka stosowania fotoseparatora do oczyszczania materiału ziarnistego pokazuje, że na jednym etapie sortowania ziarno nie jest całkowicie oczyszczone, znaczna ilość pełnego ziarna trafia na odpady [51, 156, 164].

W celu osiągnięcia maksymalnej czystości wyjściowy materiał ziarnisty powinien być kierowany do fotoseparatora wtórnego, w którym zastosowanie elewatorów do mechanizacji transportu produktu w celu uniknięcia pracy ręcznej spowoduje zwiększenie kruszenia ziarna [127, 157].

Obecnie fotoseparator jest drogim produktem, którego koszt może wahać się od 1,4 do 10,0 mln rubli w zależności od wydajności, a okres eksploatacji jest ograniczony do zaledwie pięciu lat. Eksploatacja tych maszyn jest ograniczona tylko przez plus temperatury otoczenia (następnie 5 do ^{400C}) i przy ^{250C} w pomieszczeniu o wilgotności względnej od 20 do 80%. Dlatego też takie warunki i wymogi dotyczące stosowania fotoseparatora w większości zwykłych gospodarstw rolnych są drogie.

Ponadto mutują takie szkodliwe chodaki materiału ziarnistego jak stwardnienie sporyszu (rogi), właściwości aerodynamiczne, których liczbowe cechy wielkości i koloru stają się podobne do ziaren głównego zbioru. W związku z tym nowoczesne separatory fotoelektroniczne nie są w stanie rozróżnić stwardnienia sporyszu podobnego pod względem koloru do ziarna rośliny głównej. Dlatego konieczne jest dalsze poszukiwanie sposobu na oddzielenie sklerozy (rogów) sporyszu od ziarna rośliny głównej.

Czyszczenie i sortowanie nasion chwastów metodą mokrą, tj. w cieczach, według ciężaru właściwego (gęstości masy), zaleca się stosować w przypadkach, gdy zastosowanie maszyn pneumatycznych, pneumatycznych stołów sortujących, fotoseparatorów i innych urządzeń nie daje pozytywnych rezultatów ze względu na podobieństwo właściwości zapychających do ziarna czyszczonego materiału [6, 7, 58, 108].

Roztwory soli stosuje się do podziału materiału ziarnistego według masy właściwej (gęstości masy) metodą mokrą. Do tworzenia roztworów przy sortowaniu nasion według ciężaru właściwego (gęstości masy) stosuje się nawozy mineralne: saletra potasowa, siarczek amonu, saletra amonowa, mieszanina azotanu amonu i siarczku amonu (monan-silitr), saletra sodowa. Do ekstrakcji sklerozy (rogów) sporyszu z nasion żyta stosuje się również roztwory soli kuchennej lub potasu albo zawiesinę wody i kredy, która nie wpływa na energię kiełkowania i kiełkowania nasion [21, 109, 112, 114, 117, 122, 124].

Rysunek 1.9 przedstawia maszynę do oddzielania na mokro sporyszu od nasion żyta według masy właściwej. Cechą charakterystyczną tej maszyny jest ciągłość procesu technologicznego i całkowita mechanizacja pracy w celu oddzielenia sporyszu od nasion żyta [6].

Maszyna składa się z ramy 11 i wanny 12, na której zamontowany jest zbiornik 1 z podajnikiem 2. Podajnik 2 i dolna część zbiornika 1 są zanurzone w roztworze soli potasowej.

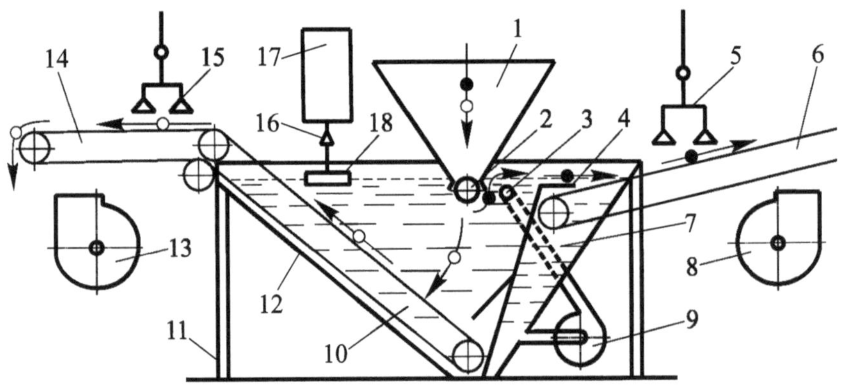

—●—○—► - przepływ materiału ziarnistego; —●—► - przepływ lekkich zanieczyszczeń (sporyszu); —○—► - przepływ ziarna

Rysunek 1.9 - Maszyna do oddzielania sporyszu od nasion żyta: 1 - zbiornik; 2 - podajnik; 3 - rura; 4 - przyłbica; 5 i 15 - prysznice; 6, 10 i 14 - przenośniki; 7 - kompilacja; 8 i 13 - wentylatory; 9 - pompa; 12 - wanna; 11 - rama; 16 - zawór; 17 - zbiornik; 18 - pływak

Nasiona żyta pochodzące ze zbiornika nr 1 do wanny nr 12 z roztworem soli są opuszczane na dno wanny nr 12 ze względu na ich większą masę właściwą, a rogi sporyszu o mniejszej masie właściwej unoszą się na powierzchni roztworu. W obszarze stwardnienia (rogów) sporyszu przez rurę nr 3, w której na całej długości wykonuje się szereg otworów, ze zbioru nr 7 za pomocą pompy nr 9, dostarczany jest roztwór. W wyniku ciągłego ruchu powierzchniowego roztworu, jest on odprowadzany wraz ze sklerozą (stożkami) sporyszu przez przyłbicę 4 do przenośnika 6. Podczas opróżniania sklerozy (rogów), sporysz jest oddzielany na przenośniku 6 i roztwór jest dostarczany do Odbioru 7. Stwardnienie (stożki stwardniałe) sporyszu, poruszając się na przenośniku 6, spłukać poza wanną 12 wodą przez natrysk 5, a następnie osuszyć strumieniem powietrza doprowadzanego przez wentylator 8. Nasiona żyta z dna wanny z przenośnikiem 12 pochylonym 10 podawane są na przenośnik poziomy 14, gdzie są myte pod natryskiem wodnym przez instalację 15 i suszone strumieniem powietrza, wtryskiwanym przez wentylator 13. W trakcie pracy maszyny z kąpieli 12 wyciągana jest część roztworu soli wraz z twardziną (rogi) sporyszu i nasion żyta. Stały poziom roztworu w wannie 12 jest utrzymywany automatycznie poprzez jej dopływ ze zbiornika 17, wyposażonego w zawór 16 z pływakiem 18.

Wadą tego urządzenia jest to, że skleroza (rogi) sporyszu po wprowadzeniu podajnika 2 do roztworu soli znajduje się w strefie stagnacji, tzn. poza strefą ruchu powierzchniowego roztworu, wchłaniając z czasem wodę i zwiększając masę właściwą (gęstość masy), następnie opada na dno wanny 12, a następnie z maszyny wyjmuje się przenośnik 10 wraz z nasionami żyta. Fakt ten pogarsza całkowite oddzielenie nasion żyta od sklerozy (rogów) sporyszu.

Wykonanie w danej maszynie przenośników nasion żyta 10 i 14, a także sklerotek (rogów) sporyszu 6 w postaci taśm powoduje, że przy ich rotacji część roztworu soli wraz z podzielonymi składnikami pryzmy zbożowej odprowadzana jest na zewnątrz, co prowadzi do nieodwracalnych strat roztworu, a tym samym do wzrostu kosztów jednostkowych przeprowadzanego procesu technologicznego.

Ponadto, w tej maszynie transportowano nasiona żyta i sklerozy (rogów) taśmy przenośnikowe sporyszu 6, 10 i 14 z ich powierzchni z powodu niskiego współczynnika tarcia zsuwają się z powrotem do wanny 10. Aby tego uniknąć, przenośniki 6, 10 i 14 powinny obracać się ze zwiększoną częstotliwością, co zwiększa energochłonność procesu technologicznego.

Zastosowanie pompy 9 do przepompowywania roztworu soli ze zbiornika 7 do strefy podajnika 2, zespołów natryskowych 5 i 15 do płukania nasion żyta i sklerozy (rogów) sporyszu oraz wentylatorów 8 i 13 do ich suszenia podczas przemieszczania się na przenośnikach 6 i 14 znacznie komplikuje projektowanie, konserwację i naprawę maszyny. Okoliczności te powodują wzrost intensywności metalu, specyficzną energochłonność procesu technologicznego oraz specyficzne koszty konserwacji i naprawy maszyny.

Z powyższego wynika, że dalsze badania teoretyczne i doświadczalne są niezbędne do opracowania maszyny do oczyszczania materiału ziarnistego metodą mokrą, charakteryzującą się mniejszą energochłonnością właściwą i prostotą w konserwacji i naprawie.

1.4 Treść pytania i cele jego rozwiązania

Aby w pełni zaspokoić podstawowe potrzeby ludności, produkcja rolna w kraju stoi przed wyzwaniem dalszego zwiększenia produkcji zboża, co jest niezbędne do zagwarantowania dostaw żywności i paszy dla zwierząt gospodarskich. Warunkiem koniecznym do zwiększenia produkcji ziarna jest zwiększenie wydajności upraw zbożowych w oparciu o wysokiej jakości przetwórstwo pozbiorowe, zmniejszenie strat ziarna i uzyskanie elitarnego materiału siewnego, najlepszej jakości ziarna zbóż spożywczych i paszowych. Dlatego niezbędne wskaźniki wzrostu produkcji ziarna wymagają poprawy środków technicznych do jakościowego przetwarzania po zbiorze.

Zboża często cierpią na choroby grzybicze, w tym sporysz, na które żyto jest najbardziej narażone, a także inne uprawy (pszenica, jęczmień, owies, zioła zbożowe) w latach wilgotnych. Biorąc pod uwagę wielkość sklerozy (rogów) roślin sporyszu, są one trudne do oddzielenia, a stworzenie maszyny do usuwania takich trujących zanieczyszczeń jest bardzo pilnym zadaniem, szczególnie dla regionów o wysokiej wilgotności w Federacji Rosyjskiej (Syberia Wschodnia, obwód nadwołżańsko-wiatecki, obwód leningradzki, strefa czarnej ziemi) [70].

Rosselkhoznadzor przywiązuje wielką wagę do walki z ergotem. Administracje terytorialne tej Służby Federalnej wydają corocznie odpowiednie instrukcje.

2) TECHNOLOGIA PRZETWARZANIA ZIARNA PO ZBIORZE

CZAS:

2.1 Technologia oczyszczania sterty zboża w zbiorniku z zanieczyszczeń

Zanieczyszczenie zwałowiska zbóż chwastami i zanieczyszczeniami zbożowymi zależy od warunków glebowo-klimatycznych, poziomu maszyn rolniczych, dojrzałości chleba, a także od jakości kombajnów zbożowych. Jednocześnie zawartość nasion rośliny głównej w zwałowisku ziarna może wynosić od 85 do 98%, wilgotność zwałowiska może zmieniać się od 10 do 40%, a porażenie może sięgać od 1,0 do 25% [40, 62, 130, 139].

Dlatego też, aby uzyskać ziarno nadające się do celów spożywczych, technicznych i nasiennych, konieczne jest oczyszczenie sterty ziarna w zbiorniku, którego zadaniem jest oddzielenie wszystkich zanieczyszczeń (rysunek 2.1).

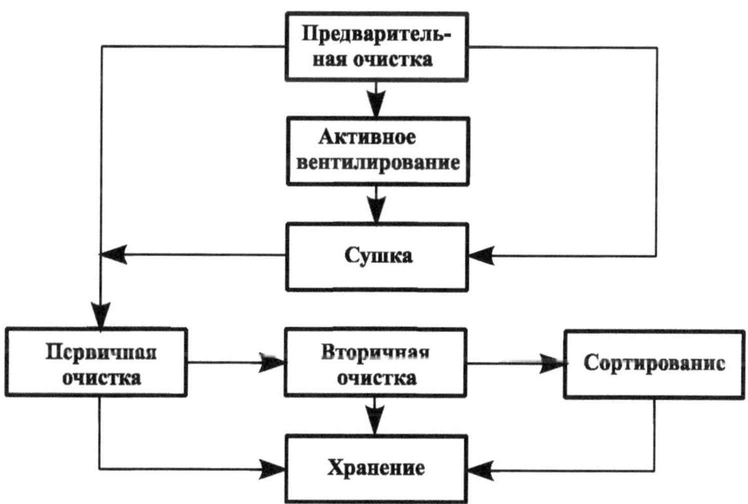

Rysunek 2.1 - Schemat przebiegu procesu obróbki zwałowiska ziarna po

zbiorze

Technologia pozbiorczej obróbki zwałowiska zbóż zapewnia wstępne, pierwotne i wtórne oczyszczanie. Aktywna wentylacja wstępnie oczyszczonej hałdy ziarna może być zapewniona dla jego tymczasowego przechowywania [3, 40, 126].

Czyszczenie wstępne stosuje się w przypadku zebranego ziarna na hałdzie o wilgotności do 40 %. W ten sposób zmniejsza się zawartość największych i najmniejszych zanieczyszczeń w oczyszczonym ziarnie (z 15 ... 20 % do 3 %), usuwa się część nadmiernej wilgoci, zwiększa się jej luźność, ułatwia się ją kosztem luźnego suszenia, zwiększa się stabilność ziarna do samogrzania i pogorszenie przy czasowym przechowywaniu w nasypie [71, 106].

Oczyszczarki wstępne przygotowują materiał ziarnisty do suszenia lub aktywnego odpowietrzania, a zatem do szybkiego napełniania suszarni lub odpowietrzania lejów, muszą mieć 2 ... 3 razy większą wydajność w porównaniu z następującymi maszynami linii technologicznej, wydalić z hałdy źródłowej 40% wilgoci zanieczyszczeń chwastowych do 20%, w tym frakcję zanieczyszczeń słomowych do 5%, nie mniej niż 50% zanieczyszczeń chwastowych ze stratami pełnego ziarna w odpadach nie więcej niż 0,05% masy ziarna rośliny uprawnej głównej w materiale źródłowym [9, 12, 40, 129, 138].

Suszenie, które jest kolejnym etapem obróbki materiału ziarnistego, zapobiega psuciu się ziarna i usprawnia jego transport podczas dalszej obróbki w linii technologicznej przepływu ziarna.

Czyszczenie wstępne przeprowadza się na świeżo zebranym ziarnie o wilgotności nieprzekraczającej 22 % lub na wstępnie obrobionym i wysuszonym ziarnie o wilgotności nieprzekraczającej 18 %. W tym samym czasie oddziela się od ziarna grube, lekkie i drobne zanieczyszczenia, rozdrobnione i namiotowe. Zawartość zanieczyszczeń w materiale ziarnistym zmniejsza się z 8...10 % do 1...3 %. Wstępna sterta ziarna podzielona jest na trzy frakcje: ziarno oczyszczone, odpady paszowe i zanieczyszczenia [71, 126].

Maszyny do czyszczenia wstępnego zapewniają oczyszczanie materiału ziarnistego z zawartością zanieczyszczeń chwastowych nie przekraczającą 10%. W tym przypadku przetworzony materiał nie powinien zawierać więcej niż 3% zanieczyszczeń. Dopuszczalne ubytki *pustych w środku cenosfer popiołu* pełnego ziarna na zanieczyszczenia chwastowe nie powinny przekraczać 0,5%, a usuwanie tego ziarna na odpady paszowe - 1,5% masy ziarna rośliny uprawnej głównej w materiale wyjściowym. Kruszenie ziarna jest dozwolone do 0,1%. Wydajność technologiczna *E* separacji dużych, małych i lekkich zanieczyszczeń przez maszynę do czyszczenia ziarna powinna wynosić nie mniej niż 60% [12, 71, 129].

Czyszczenie wtórne pomaga w oddzieleniu od ziarna bliskiego jego wielkości zanieczyszczeń, trudnych do oddzielenia ziaren chwastów. W wyniku tego początkowa sterta ziarna zostaje podzielona na frakcję ziarnistą, ziarno drugiej klasy, lekkie, małe i duże zanieczyszczenia.

Materiał źródłowy, podzielony na cztery frakcje podczas obróbki wtórnej, powinien mieć wilgotność nie większą niż 18%, zawierać zanieczyszczenia zaledwie 8%, w tym chwasty do 3%. Efekt oczyszczania ziarna z zanieczyszczeń *E* powinien być nie mniejszy niż 80 %, utrata nasion *LOA z uprawy* głównej we wszystkich frakcjach zanieczyszczeń nie powinna przekraczać 5 %, a penetracja pełnoporcjowych nasion drugiej odmiany nie powinna przekraczać 3 % masy nasion uprawy głównej w materiale źródłowym. Jednocześnie całkowite rozdrobnienie nasion jest dozwolone w granicach do 0,1% [12, 71, 102, 129].

Sortowanie ziarna jest procesem mechanicznego oddzielania oczyszczonego ziarna na frakcje, które różnią się jakością wypieku (w przypadku żywności) lub wysiewu (w przypadku nasion), co ma na celu uzyskanie wysokiej jakości żywności i materiałów nasiennych. W celu uzyskania wysokiej jakości materiału zbożowego stosuje się specjalne maszyny do czyszczenia ziarna, takie jak powietrzne stoły sortujące.

W wyniku przetwarzania ziarna na PSS czystość nasion powinna spełniać wymogi dotyczące materiału siewnego, straty nasion roślin głównych w odpadach paszowych nie powinny przekraczać 10%, a w stratach niepowracających - nie więcej niż 3% masy nasion w materiale wprowadzanym do maszyny [15, 23].

W wyniku obróbki zwałowiska ziarna w zbiorniku, w zależności od przeznaczenia, oczyszczony produkt musi spełniać wymogi dotyczące ziaren żywności, nasion i pasz zgodnie z przyjętymi normami państwowymi.

Tak więc analiza sekwencji procesu pozbiorowej obróbki zwałowiska zbóż pozwala na opracowanie dla małych gospodarstw linii technologicznych do oczyszczania materiału ziarnistego z wydzielaniem trujących zanieczyszczeń (sporyszu) z ziarna paszowego, przeznaczonego na paszę dla zwierząt gospodarskich, z nasion do siewu, a także w uzyskiwaniu słodu przyjaznego dla środowiska.

2.2 Linia do obróbki materiału ziarnistego z oddzielaniem zanieczyszczeń trujących od gruboziarnistych

Schemat linii technologicznej oczyszczania materiału zbożowego z oddzieleniem zanieczyszczeń trujących od ziarna paszowego, przeznaczonego na paszę dla zwierząt rolniczych, przedstawiono na rysunku 2.2.

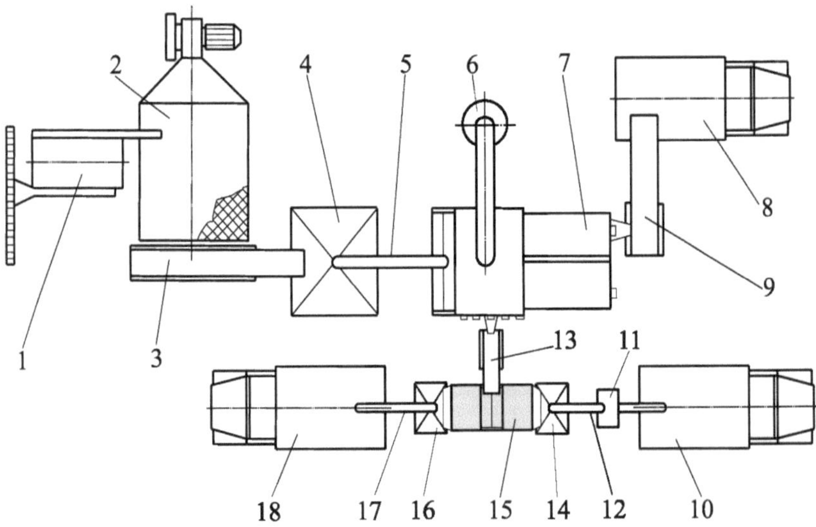

Rysunek 2.2 - Schemat linii technologicznej do czyszczenia materiału siewnego z oddzieleniem zanieczyszczeń trujących od ziarna paszowego: 1 - maszyna wstępnego czyszczenia ziarna OVS-25; 2 - suszarnia małogabarytowa na bazie przyczepy
2ПТС-4; 3, 9 i 13 - przenośniki taśmowe transportowe; 4 - zbiornik magazynowy wstępnie oczyszczonego ziarna; 5, 12 i 17 - przenośniki załadowcze typu ślimakowego; 6 - cyklon; 7 - maszyna powietrzno-kolejowo-trierna do wstępnego oczyszczania ziarna "Petkus Giant" K-531; 8, 10 i 18 - pojazdy; 11 - kondycjoner ziarna PZ-1; 14 - zbiornik magazynowy oczyszczonego ziarna paszowego z twardziną sporyszu; 15 - maszyna do

oddzielania sporyszu od ziarna roślin zbożowych; 16 - zbiornik magazynowy oddzielonego twardziny sporyszu.

Linia technologiczna do czyszczenia materiału zbożowego z rozdrabnianiem trujących zanieczyszczeń z ziarna paszowego składa się z maszyny do wstępnego oczyszczania 1 pryzmy zbożowej OVS-25, suszarni małogabarytowej 2 na bazie przyczepy 2ПТС-4, zbiorników akumulacyjnych wstępnie oczyszczonego ziarna 4, oczyszczonego ziarna paszowego ze stwardnienia sporyszu 14 i rozdrobnionego sporyszu 16, taśmy wysypowe 3, 9 i 13, przenośniki załadowcze ślimakowe typu 5, 12 i 17, kratownica 7 wstępnego oczyszczania ziarna "Petkus Giant" K-531, cyklon 6 systemu powietrznego "Petkus Giant" K-531, kondycjoner 11 ziarna PZ-1, opracowanie FSBNU FANC północno-wschodniego, maszyna 15 do oddzielania sporyszu od ziarna zbóż oraz pojazdy 8, 10 i 18. Wszystkie urządzenia przedstawionego strumienia ziarna do czyszczenia materiału zbożowego z oddzieleniem zanieczyszczeń trujących od ziarna paszowego są łatwe w montażu, zajmują niewielką powierzchnię i dlatego mogą być umieszczone pod zadaszeniem lub w magazynie.

Proces technologiczny linii do oczyszczania materiału ziarnistego z wydzielaniem trujących zanieczyszczeń z ziarna paszowego jest następujący.

Zbiornik ziarna, który ma zostać poddany obróbce przez wywrotkę, jest rozładowywany na miejscu, skąd jest podawany przez ładowarkę do maszyny 1 czyszczenia wstępnego OVS-25. Odpady z tej maszyny 1 są wyjmowane z pomieszczenia magazynowego, a wstępnie oczyszczony materiał zbożowy przez przenośnik transportowy tej maszyny 1 jest podawany do suszarni 2. Na końcu suszarni pomostowej materiału zbożowego suszarnia 2 hydrolift przechylany, a materiał zbożowy grawitacyjnie spływa do leja wsypowego przenośnika taśmowego 3, który dostarczył go do leja magazynowego 4. Następnie wstępnie oczyszczony materiał zbożowy z zasobnika magazynowego 4 za pomocą przenośnika ślimakowego typu 5 podawany jest do oczyszczarki powietrzno-kolejowej 7 czyszczącego ziarna "Petkus Giant" K-531. W wyniku czyszczenia materiału zbożowego przez "Petkus Giant" K-531 dzieli się on na oczyszczone pełnoziarniste, paszowe, ciężkie zanieczyszczenia chwastowe i lekkie zanieczyszczenia aspiracyjne, które wytrącają się w cyklonie 6. Odpady (zanieczyszczenia chwastami) z tej maszyny 7 są usuwane poza magazyn, a oczyszczone pełnoziarniste odpady trafiają do kosza odbiorczego przenośnika taśmowego 9, który dostarczył je do pojazdu 8. Ponadto, pojazd 8 oczyszczony całe ziarno jest przewożony do magazynu lub konsumenta. Ziarno paszowe z klapy maszyny czyszczącej 7 "Petkus Giant" K-531 trafia do zbiornika odbiorczego przenośnika taśmowego 13, który dostarcza je do zbiornika załadowczego maszyny 15 w celu oddzielenia sporyszu od ziarna zbóż. W maszynie 15 przy użyciu roztworów wodnych soli nieorganicznych oddziela się trujące zanieczyszczenia (stwardnienie sporyszu) od ziarna paszowego. Zanieczyszczenia trujące (stwardnienie sporyszu) z maszyny 15 są wyprowadzane do zbiornika zasypowego 16, skąd transporter ślimakowy 17 jest podawany do korpusu pojazdu 18, który jest zabierany do lemiesza. Na życzenie firm farmaceutycznych, do przygotowania leków można użyć izolowanych zanieczyszczeń trujących (stwardnienie rozsiane). Oczyszczone ziarno paszowe z pojazdu 15 trafia do zbiornika załadowczego 14, skąd przenośnik 12-ślimakowy typu CC-1 podawany jest do kondycjonera 11 ziarno CC-1. Następnie kondycjonowane ziarno jest wysyłane do pojazdu 10, który jest zabierany na paszę dla zwierząt gospodarskich.

2.3 Obliczanie wyposażenia technologicznego linii czyszczącej ziarno gruboziarniste z trującymi zanieczyszczeniami

Obliczenia urządzeń technologicznych prowadzone są ściśle według projektowanej linii technologicznej do pozyskiwania trujących zanieczyszczeń z ziarna paszowego, przedstawionej na rysunku 2.2.

Przy obliczaniu wyposażenia technologicznego opracowanej linii technologicznej należy uwzględnić wydajność operacyjną maszyn do oczyszczania ziarna, którą określa wzór [40]:

$$KЭ \cdot K1KЭ \cdot K1 \cdot K2,$$

(2.1)

gdzie *CE jest równoważnym* czynnikiem wrażliwym na uprawy;

K1 jest współczynnikiem uwzględniającym zawartość wilgoci w materiale ziarnistym;

K2 jest współczynnikiem uwzględniającym stopień zarażenia hałdy zboża;

PP - wydajność paszportowa maszyny do czyszczenia ziarna, t/h.

Wybór marki maszyn technologicznych i obliczenie ich niezbędnej ilości odbywa się oddzielnie dla każdej operacji procesu technologicznego oczyszczania ziarna, na podstawie wydajności roboczej maszyny do wstępnego, wstępnego i wtórnego oczyszczania ziarna lub maszyn specjalnych i wydajności godzinowej paszportowej każdej maszyny:

$$n = \frac{П_Э}{П_П}, \quad (2.2)$$

gdzie *n oznacza* liczbę maszyn do oczyszczania ziarna w czyszczeniu wstępnym, wstępnym i wtórnym lub maszyn specjalnych, w szt.

Sprawdzenie poprawności doboru urządzeń technologicznych przeprowadza się zgodnie z obliczonym współczynnikiem ich wykorzystania η, który określa się za pomocą wzoru:

$$\eta = \frac{П_Э}{П_П \cdot n}. \quad (2.3)$$

Dobór wyposażenia technologicznego jest prawidłowy, jeżeli współczynnik wykorzystania wyposażenia technologicznego wynosi $\eta \leq 1,25$.

Do wstępnego czyszczenia hałdy ziarna zaprojektowanej w linii technologicznej wstępnego czyszczenia ziarna OVS-25, o pojemności paszportu $PP1$ = 25 t/h. Wydajność operacyjna $ПЭ1$ maszyny OWS-25 przy czyszczeniu ziarna żyta ozimego przy średniej wilgotności W = 24% i zatykaniu $З$ = 16%, przy czym współczynniki $KЭ$ = 1,0, $K1$ = 0,8, a $K2$ = 0,98 [40] będzie wynosić 19,6 t/h zgodnie z wyrażeniem (2.1). Wówczas wymagana liczba *n* maszyn OVS-25 według wzoru (2.2) wynosiłaby 0,78 szt. W związku z tym liczbę maszyn OVS-25 do wstępnej obróbki zwałowiska ziarna przyjmuje się w ilości 1 szt., przy czym współczynnik η, którego zastosowanie w wyrażeniu (2.3) wynosi 0,78 ≤ 1,25. W ten sposób wybrana marka separatorów OVS-25 nie będzie przeciążona przepływem ziarna i jest dość skuteczną obróbką wstępną ziarna z zanieczyszczeń.

Wybór małej suszarni na podstawie przyczepy 2PTS-4 o wydajności 15 t/dobę przy wilgotności *W sterty* zboża do 24 % jest spowodowany prostotą konstrukcji oraz niskimi kosztami kapitałowymi i operacyjnymi.

Obliczona pojemność zbiorników magazynowych linii technologicznej określana jest za pomocą wzoru:

$$V = \frac{П_Э \cdot \tau}{\gamma \cdot K},$$

(2.4)

gdzie τ - czas, w którym linia technologiczna może pracować na ziarnie, które znajduje się w zamknięciu, jest brany pod uwagę w ciągu 1 ... 24 godzin;

γ - masa objętościowa ziarna, dla ziarna żyta ozimego γ = 0,7 t/m3;

K - współczynnik wypełnienia bunkrów produktem, w obliczeniach K przyjmuje się w granicach 0,60 ... 0,85.

W oparciu o wydajność maszyny do wstępnego czyszczenia OVS-25 *PE* = 19,6 t/h, waga objętościowa ziarna żyta ozimego γ = 0,7 t/m3 i przyjmując τ = 1 h, K = 0,85, obliczona pojemność V zbiornika magazynowego wstępnie oczyszczonego ziarna według wyrażenia (2.4) wyniesie 32, 9 m3.

Pole przekroju poprzecznego bunkrów określa wzór:

$$S = \frac{V}{h},$$

(2.5)

gdzie *h to* przyjęta konstrukcyjnie wysokość bunkra, m.

Następnie powierzchnia S przekroju poprzecznego wstępnie oczyszczonego ziarna, przyjęta ze względów konstrukcyjnych wysokość zbiornika h 3 m, to jest 11 m2.

Wydajność eksploatacyjna *PE* maszyny do czyszczenia wstępnego ziarna "Petkus Giant" K-531 o wydajności paszportowej *PP2* = 2,5 t/h, jest określona zgodnie z wyrażeniem (2.1). Przy oczyszczaniu ziarna żyta ozimego przy wilgotności W= 16% i zachwaszczeniu W= 8%, przy czym współczynniki *KE* =

1,0, *K1* = 0,95, *K2* = 0,94 [40], wydajność operacyjna *PP2* będzie wynosić 2,23 t/h. Następnie wymagana liczba *n* maszyn "Petkus Giant" K-531 według wzoru (2.2) wyniesie 0,89 szt. Odpowiednio, liczba maszyn "Petkus Giant" K-531 do czyszczenia ziarna wynosi 1 szt., współczynnik wykorzystania η, który w wyrażeniu (2.3) wynosi 0,89 ≤ 1,25. W ten sposób wybrana marka separatorów "Petkus Giant" K-531 nie będzie przeciążona przepływem ziarna i w pełni zapewni skuteczne oczyszczenie ziarna z zanieczyszczeń oraz uzyskanie frakcji pokarmowej i paszowej.

Po oczyszczeniu materiału ziarnistego przez maszynę "Petkus Giant" K-531 przyjmuje się, że frakcja ziarna paszowego wynosi 60%, a frakcja ziarna paszowego - 40%. Wówczas nastąpi wydajność przepływu frakcji ziarna paszowego:

$$П_{Ф} = \frac{П_{Э2} \cdot 60}{100} = \frac{2,23 \cdot 60}{100} = 0,92 \text{ т/ч}.$$

(2.6)

Frakcja ziarna paszowego z trującymi zanieczyszczeniami o wilgotności *W* = 16% i zanieczyszczeniu *W* = 6% trafia do maszyny do wyciągu sklerozy (rogów) sporyszu MVS-1.0, o wydajności paszportu *PP3* = 1,0 t/h. Przy podanych wartościach wilgotności *W* i zarażenia *Z* dokonują się współczynniki: *KE* = 1,0, *K1* = 0,95, i *K2* = 0,98 [40].

Wydajność eksploatacyjna maszyny *PE3* MVS-1.0 pod względem (2.1) będzie wynosić 0,92 t/h, a wymagana liczba *n* takich maszyn według wzoru (2.2) będzie wynosić 0,92. W związku z tym liczbę maszyn MBS-1.0 do ekstrakcji trujących zanieczyszczeń z gruboziarnistych ziaren przyjmuje się 1 szt., a następnie współczynnik η, którego zastosowanie w wyrażeniu (2.3) wynosi 0,92 ≤ 1,25.

Tak więc wydajność opracowanej maszyny MVS-1,0 odpowiada wydajności przepływu frakcji ziarna paszowego, współczynnik η jej wykorzystania jest bliski 1,25, co decyduje o efektywnym oczyszczaniu ziarna paszowego z trujących zanieczyszczeń.

Oczyszczone ziarno paszowe z maszyny MVS-1,0 do dalszej przeróbki na paszę dla zwierząt trafia do kondycjonera ziarna PZ-1, opracowanie FSBNU FANCE Północny-Wschód. Wydajność kondycjonera CC-1 wynosi *PP4* = = 1,0 t/h i odpowiada wydajności przepływu frakcji oczyszczonego ziarna paszowego, która zapewnia przepływ w końcowej fazie linii technologicznej.

Bunkry akumulacyjne oczyszczonego ziarna paszowego i izolowanego stwardnienia sporyszu zapewniają akumulację zaznaczonych frakcji w przypadku czasowej nieobecności dostarczonych pojazdów podczas transportu tych ostatnich do kompleksu hodowli bydła i na składowisko. Postępując z wydajności eksploatacyjnej maszyny MVS-1,0 *PE* = 1,0 t/h masy objętościowej ziarna żyta ozimego γ = 0,7 t/m3 i przyjmując τ = 2 h, *K* = 0,85 obliczona pojemność *V* zbiornika magazynowego oczyszczonego ziarna paszowego według wzoru (2.4) wyniesie 3,4 m3. Przyjęta ze względów konstrukcyjnych wysokość *h zbiornika* 1,5 m powierzchni przekroju poprzecznego tego zbiornika będzie wynosić 2,3 m. W celu ujednolicenia wyposażenia linii technologicznej o tych samych parametrach można zabrać bunkier na wybrane stwardnienia (rogi) sporysz.

Tak więc przeprowadzone obliczenia i dobór urządzeń technologicznych linii do oczyszczania ziarna paszowego z zanieczyszczeń trujących zapewnia efektywną realizację procesu technologicznego.

2.4 Wnioski

W celu uzyskania ziarna nadającego się do celów spożywczych, technicznych i nasiennych, konieczne jest oczyszczenie hałdy ziarna w zbiorniku, którego zadaniem jest oddzielenie zanieczyszczeń organicznych i mineralnych, w tym trujących.

W wyniku obróbki zwałowiska ziarna w zbiorniku, w zależności od przeznaczenia, oczyszczony produkt musi spełniać wymogi dotyczące ziaren żywności, nasion i pasz zgodnie z przyjętymi normami państwowymi.

Oferowana jest linia technologiczna do czyszczenia materiału zbożowego z rozdrabnianiem trujących zanieczyszczeń (stwardnienie sporyszu) z ziarna paszowego, składająca się z maszyny do wstępnego oczyszczania zwałowiska ziarna OVS-25, suszarni małogabarytowej na bazie przyczepy 2ПТС-4, lejów akumulacyjnych wstępnie oczyszczonego ziarna, oczyszczonego ziarna paszowego z stwardnienia sporyszu i rozdrobnionego stwardnienia sporyszu, taśmy transportowe, ślimakowe przenośniki załadowcze, maszyna lotniczo-kolejowa "Petkus Giant" K-531 do wstępnego czyszczenia ziarna, cyklon systemu pneumatycznego maszyny "Petkus Giant" K-531, kondycjoner ziarna PZ-1, FSBNU FANC północno-wschodni rozwój, maszyny do oddzielania sporyszu od ziarna zbóż oraz pojazdy.

Obliczenie i dobór wyposażenia technologicznego linii do oczyszczania ziarna paszowego z zanieczyszczeń trujących za pomocą opracowanej maszyny MVS-1,0 zapewnia efektywną realizację procesu technologicznego.

Proponowana z zastosowaniem maszyny MVS-1,0 do oddzielania sklerozy (rogów) sporyszu od ziarna zbóż linia technologiczna do oczyszczania ziarna paszowego z zanieczyszczeń trujących charakteryzuje się łatwością instalacji, małymi rozmiarami i możliwością umieszczenia pod wiatą lub w magazynie.

3 UZASADNIENIE SCHEMATU KONSTRUKCYJNEGO I TECHNOLOGICZNEGO MASZYNY DO IZOLOWANIA ZANIECZYSZCZEŃ TRUJĄCYCH

COARSE GRAIN

3.1 Schemat konstrukcyjny i proces pracy maszyny do oczyszczania materiału ziarnistego z trujących zanieczyszczeń

Obecność szkodliwych zanieczyszczeń w stercie ziarna obniża jakość żywności, grubych ziaren i materiału siewnego. Jednak uzyskiwanie wysokiej jakości nasion, ziaren spożywczych i ziaren gruboziarnistych, odpowiadających normom, jest trudne ze względu na brak specjalnych maszyn w liniach do czyszczenia ziaren i nasion, zapewniających 100% przydział trujących zanieczyszczeń w jednym procesie technologicznym.

Dlatego też, biorąc pod uwagę powyższe aspekty, na podstawie przeglądu literatury naukowej, badań patentowych oraz przeprowadzonej analizy procesu pracy maszyn do oczyszczania ziarna, opracowano schemat strukturalny modelu pracy maszyny do oczyszczania ziarna z zanieczyszczeń trujących, przedstawiony na rysunku 3.1. Rozwiązanie techniczne tej maszyny jest chronione przez rosyjskie patenty na wynalazki (Załącznik A) [59, 60].

Z technologicznego punktu widzenia model pracy maszyny do oczyszczania materiału zbożowego z zanieczyszczeń trujących jest schematem blokowym składającym się z wanny z roztworem soli, przenośników ziarna zbóż i zanieczyszczeń trujących (np. stwardnienia sporyszu), zbiornika z podajnikiem umieszczonego nad wanną oraz zbiornika z roztworem soli. Przenośniki ziarna zbóż i zanieczyszczeń trujących na szerokości wanny wykonywane są w postaci sit taśmowych z poprzecznymi pasami ułożonymi w równych odstępach na ich długości lub w postaci łańcuchów wzdłuż krawędzi tylko z poprzecznymi pasami ułożonymi w równych odstępach na ich długości. Górne części przenośników umieszczone są nad poziomem roztworu soli, a końcówki wylotowe nad urządzeniami wylotowymi, które mogą być wykonane np. w postaci pochyłych płyt perforowanych, których część długości może komunikować się z wanną. Ściana podajnika jest zanurzona w roztworze soli i oddziela przestrzeń kąpieli za pomocą przenośnika ziarna od przenośnika zanieczyszczeń trujących.

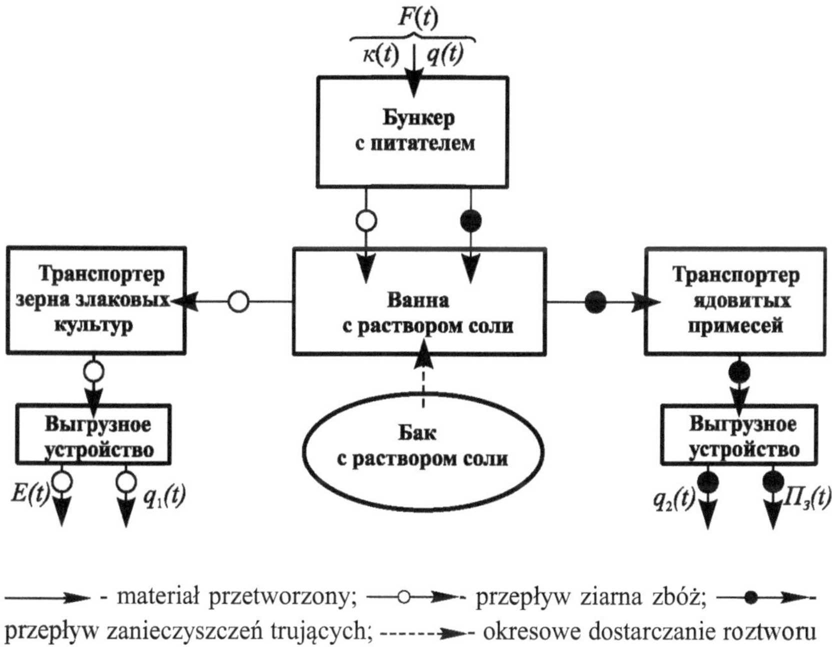

——► - materiał przetworzony; —○—►- przepływ ziarna zbóż; —●—►- przepływ zanieczyszczeń trujących; ------►- okresowe dostarczanie roztworu soli

Rysunek 3.1 - Schemat konstrukcyjny modelu eksploatacyjnego maszyny do oczyszczania materiału ziarnistego z trujących zanieczyszczeń

W celu przeprowadzenia procesu technologicznego przez maszynę do oczyszczania materiału zbożowego z zanieczyszczeń, najpierw uruchamiane są przenośniki upraw zbożowych i zanieczyszczeń trujących, a następnie przez otwarcie klapy podajnika materiał zbożowy podawany jest do wanny z roztworem soli. W momencie przyjęcia materiału ziarnistego do roztworu soli, ziarno opuszcza się na dno wanny, a na powierzchni roztworu soli wyskakują trujące zanieczyszczenia (stwardnienie sporyszu), które mają mniejszą masę właściwą (gęstość) w porównaniu z ziarnem. Podczas obracania przenośnika trujących zanieczyszczeń, jego pręty przesuwają roztwór soli i tworzą ciągły ruch powierzchniowy od ściany podajnika do górnej gałęzi przenośnika przy obrocie w prawo lub do dolnej gałęzi - przy obrocie w lewo. W wyniku ruchu cyrkulacyjnego roztworu soli, pływające zanieczyszczenia (stwardnienie sporyszu) na jego powierzchni są przesuwane w kierunku taśmy przenośnika zanieczyszczeń trujących, wychwytywane przez jego taśmy i wyjmowane z wanny, a następnie trafiają do urządzenia wyładowczego (np. deski rolkowej). Ziarno z dna wanny jest wychwytywane przez listwy przenośnika taśmowego i przesuwane w kierunku rozładunku na płytę szczytową. Przy przesuwaniu ziarna i zanieczyszczeń przez przenośniki górnych gałęzi roztwór soli z ich powierzchni spływa z powrotem do wanny przez otwory sitowe, a przy przesuwaniu dolnej gałęzi roztwór soli spływa z powrotem do wanny przez otwory sitowe, które są kontynuacją korpusu wanny na wylocie z przenośników. Ziarno i trujące zanieczyszczenia, wyjęte z wanny przez przenośniki, dalej przez urządzenia rozładunkowe (np. na płaszczyznach nachylonych) trafiają do kontenerów transportowych lub kolejnych korpusów transportowych linii technologicznej do przetwarzania materiału zbożowego.

Zaletą danego urządzenia w porównaniu z istniejącymi analogami jest zmniejszenie, kosztem konstruktywnego wykonania, zużycia energii jednostkowej procesu technologicznego, zmniejszenie zużycia metalu i nakładów jednostkowych na serwis i naprawę maszyny, zwiększenie kompletności oddzielenia zanieczyszczeń trujących (stwardnienie sporyszu) od ziarna.

Konstrukcja maszyny do oczyszczania materiału zbożowego z zanieczyszczeń trujących poprzez zastosowanie wyłącznie przenośników ziarna zbóż i zanieczyszczeń trujących w postaci sit taśmowych z poprzecznymi listwami zamontowanymi w równych odstępach na ich długości lub w postaci łańcuchów na krawędziach wyłącznie z poprzecznymi listwami zamontowanymi w równych odstępach na ich długości, zanurzonymi w roztworze soli, wyklucza stosowanie dodatkowych urządzeń, charakteryzuje się prostotą i niezawodnością, wymaga pracochłonnych prac konserwacyjnych i naprawczych. Okoliczności te prowadzą do zmniejszenia specyficznej energochłonności procesu technologicznego w celu oddzielenia zanieczyszczeń trujących od ziarna, zmniejszenia zużycia metalu i specyficznych kosztów konserwacji i naprawy maszyny.

Oddzielenie jamy wanny z przenośnikiem taśmowym roślin zbożowych od przenośnika taśmowego zanieczyszczeń trujących poprzez zanurzenie ściany podajnika w roztworze soli eliminuje wnikanie zanieczyszczeń (stwardnienie sporyszu) w strefie zastoju, zapewnia ich szybkie usunięcie (niecałą minutę) z powierzchni roztworu ciągłym ruchem powierzchniowym podajnika w kierunku przenośnika taśmowego zanieczyszczeń trujących, powstających przez lamele tego przenośnika podczas jego obrotu. Okoliczność ta zapewnia całkowite (prawie 100%) oddzielenie zanieczyszczeń trujących (stwardnienie sporyszu) od ziarna.

Przenośniki ziarna zbóż i zanieczyszczeń trujących w postaci sit taśmowych z poprzecznymi pasami ustawionymi w równych odstępach wzdłuż ich długości lub w postaci łańcuchów wzdłuż ich krawędzi tylko z poprzecznymi pasami ustawionymi w równych odstępach wzdłuż ich długości nie pozwalają na usunięcie części roztworu soli wraz z wydzielonymi składnikami stosu ziarna na zewnątrz przez otwory sita lub przez otwory siatki, które są przedłużeniem korpusu wanny na wylotowym końcu przenośników, z powrotem do wanny, co nie zwiększa określonego kosztu wykonywanego procesu technologicznego.

Wykonanie przenośników roślin zbożowych i zanieczyszczeń trujących na szerokości maszyny oraz obecność na nich poprzecznych listew, ustawionych w równych odstępach, eliminuje ześlizgiwanie się z ich powierzchni transportowanych składników zwałowiska ziarna, co warunkuje ciągłość procesu technologicznego przy niższej częstotliwości rotacji przenośników i odpowiednio mniejszym zużyciu energii.

Przy pracy maszyny parametry wejściowe *F*(*t*) to obciążenie ziarna q(*t*) i zatkanie materiału ziarnistego trującymi domieszkami *do*(*t*). Jakość pracy maszyny zależy od wpływu *E*(*t*) oczyszczania ziarna ze szkodliwych zanieczyszczeń i strat ziarna *Pz*(*t*) na odpady. Parametry wyjściowe obejmują również ilość q1(*t*) *oczyszczonego ziarna* oraz ilość q2(*t*) trujących zanieczyszczeń usuniętych z maszyny.

W wyniku analizy strukturalnego modelu funkcjonowania maszyny do oczyszczania materiału ziarnistego z zanieczyszczeń trujących, ujawniono parametry wpływające na jakość jego pracy. Dla uzasadnienia zakresu racjonalnych parametrów konstrukcyjnych i technologicznych tej maszyny konieczne jest opracowanie jej głównego schematu technologicznego.

3.2 Podstawowa konstrukcja i schemat technologiczny maszyny do ekstrakcji trujących zanieczyszczeń z grubego ziarna

Dla przeprowadzenia obliczeń technologicznych i konstrukcyjnych przy pracy maszyny do oddzielania trujących zanieczyszczeń (stwardnienie sporyszu) od ziarna paszowego konieczne jest wstępne opracowanie jej schematu konstrukcyjnego i technologicznego. Podstawową konstrukcję i schemat technologiczny maszyny do separacji zanieczyszczeń trujących z MVS-1,0 gruboziarnistych o wydajności 1000 kg/h przedstawiono na rysunku 3.2 [60].

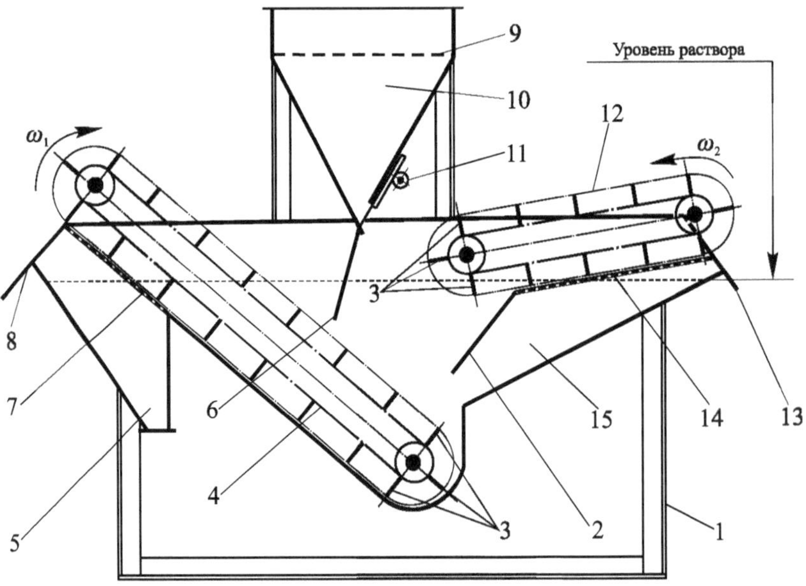

Rysunek 3.2 - Podstawowa konstrukcja i schemat technologiczny maszyny do wydalania sklerozy sporyszu z MVS-1,0 ziarno paszowe: 1 - rama; 2 - płaszczyzna odbijająca; 3 - zgarniaki przenośnikowe; 4 - przenośnik ziarna paszowego; 5 - zbiornik na odpady; 6 - ściana podajnika; 7 i 14 - kratownica; 8 i 13 - deski pochyłe; 9 - ruszt; 10 - lej wsypowy; 11 - podajnik; 12 - przenośnik sklerozy sporyszu; 15 - wanna.

Maszyna do oddzielania sporyszu od ziarna żyta paszowego składa się z ramy 1, wanny 15, zbiornika 10 z podajnikiem 11, przenośników ziarna paszowego 4 i sklerozy sporyszu 12. Wanna 15 znajduje się na stelażu 1. Nad wanną 15 znajduje się bunkier 10 z podajnikiem 11, a ściana 6 podajnika 11 jest zanurzona w roztworze soli i dzieli zagłębienie wanny 15 z przenośnikiem ziarna paszowego 4 od przenośnika sklerozy sporyszu 12. W zależności od szerokości wanny 15 przenośników gruboziarnistych 4 i sklerozy sporyszu 12 wykonanych jest w postaci łańcuchów wzdłuż krawędzi ze zgarniakami poprzecznymi zainstalowanymi w równych odstępach ich długości 3. Górne części przenośników 4 i 12, zainstalowane w wannie 15 o nachyleniu, umieszczone są nad poziomem roztworu soli, a końcówki wylotowe nad deskami pochyłymi 8 i 13. Poziom roztworu soli w łaźni 15 znajduje się poniżej początkowych części płyt szczytowych 8 i 13. Pod zgarniakami 3 transporter sklerozy sporyszu 12 zainstalowany jest ruszt 14, którego część wylotowa znajduje się powyżej poziomu roztworu w wannie 15. Ściana wanny 15 pod zgarniakami 3 przenośniki ziarna paszowego 4 na końcu wylotowym wykonana jest w postaci sita 7, które posiada otwory łączące się ze zbiornikiem odpadów 5. Zbiornik na odpady 5, posiadający kran spustowy na dnie (nie pokazany warunkowo na rysunku), jest połączony z górną częścią wanny 15. Bunkier 10, w którym jest wypełniony materiałem zbożowym, ma w górnej części kratkę 9.W dolnej części dna wanny 15 znajduje się korek spustowy (na rysunku nie jest on pokazany warunkowo).

Maszyna do usuwania sklerozy sporyszu z grubych ziaren działa w następujący sposób. W celu usunięcia sklerozy materiału ziarnistego sporyszu wsypuje się do zbiornika 10. Siatki 9 zamontowane od góry w zbiorniku 10 zapobiegają przedostawaniu się do niego ciał obcych (kijów, kamieni, worków, dużych części resztek roślinnych itp.). Po włączeniu przenośników 4 i 12 przez otwarcie klapy podajnika 11 materiał zbożowy podawany jest do wanny 15. Gdy materiał zbożowy dostanie się do roztworu, sole zboża opuszczają się na dno wanny 15, a na powierzchni roztworu solnego pojawia się stwardnienie sporyszu, które ma mniejszą masę właściwą (gęstość) w porównaniu z ziarnem. Podczas obracania przenośnika 12, jego zgarniaki 3 przesuwają roztwór soli i tworzą ciągły ruch powierzchniowy ze ściany 6 podajnika 11 na przenośnik 12. W wyniku ruchu cyrkulacyjnego unoszącego się na jego powierzchni roztworu soli, stwardnienie roztoczy przesuwa się w kierunku przenośnika 12, wychwytywanego przez jego zgarniaki 3 i przesuwanego przez dolną gałąź rusztu 14 w kierunku wysypu na płytę rolkową 13. Przy przesuwaniu sklerozy sporyszu w kierunku wypływu roztworu soli z nich spływa z powrotem do wanny 15 przez otwory rusztu 14. Ziarno z dna wanny 15 wychwytywane jest przez zgarniaki 3 przenośnika 4, a dolna gałąź przesuwana jest w kierunku rozładunku na płytę odstawczą 8. Przy podawaniu 4 ziaren w kierunku zrzutu, pochodzący z nich roztwór soli spływa do zbiornika na odpady 5 przez otwory rusztu 7. Zanieczyszczenia mineralne (piasek, drobne kamienie, itp.) przepływają do zbiornika na odpady 5 przez otwory w rusztie 7. Ziarna i stwardnienie sporyszu, wyjęte z wanny 15 przenośników 4 i 12, dalej na płaszczyznach nachylonych 8 i 13 docierają do kontenerów transportowych lub kolejnych korpusów transportowych linii technologicznej do obróbki materiału ziarnistego.

Wydajność maszyny jest regulowana poprzez zmianę powierzchni wyjściowej podajnika 11 poprzez otwieranie lub zamykanie zasuwy. Usuwanie nagromadzonych zanieczyszczeń ze zbiornika na odpady 5 odbywa się poprzez otwarcie zaworu spustowego (warunkowo nie pokazanego na rysunku) po zakończeniu procesu technologicznego przez maszynę. Przy konserwacji urządzenia do sezonowego przechowywania roztworu soli z wanny 15 jest odprowadzany przez korek spustowy (nie pokazany na rysunku warunkowo).

3.3 Wnioski

Opracowano schemat strukturalny maszyny do oczyszczania materiału zbożowego z zanieczyszczeń trujących, który stanowi schemat blokowy składający się z wanny z roztworem soli, przenośników ziarna zbóż i zanieczyszczeń trujących (np. stwardnienia sporyszu), zbiornika z podajnikiem, który znajduje się nad wanną i zbiornika z roztworem soli.

W wyniku analizy strukturalnego modelu funkcjonowania maszyny do oczyszczania materiału ziarnistego z zanieczyszczeń trujących, ujawniono parametry wpływające na jakość jego pracy. Parametry wejściowe to obciążenie ziarna i zanieczyszczenie materiału ziarnistego trującymi zanieczyszczeniami. O jakości maszyny decyduje efekt oczyszczenia ziarna zbóż ze szkodliwych zanieczyszczeń i utrata ziarna w odpadach. Parametry wyjściowe obejmują również ilość oczyszczonego ziarna zbóż oraz ilość zanieczyszczeń trujących usuniętych z maszyny.

Główny projekt i schemat technologiczny maszyny MVS-1.0 został opracowany w celu oddzielenia sporyszu od nasion zbóż za pomocą masy właściwej w roztworze, np. soli potasowej, składającej się z kąpieli, przenośniki gruboziarnistych zbóż i stwardnienia sporyszu z poprzecznymi listwami ustawionymi w równych odstępach wzdłuż ich długości, zbiornik z podajnikiem, którego ściana zanurzona jest w roztworze soli i oddziela jamę wanny z przenośnikiem gruboziarnistych zbóż od przenośnika stwardnienia sporyszu, i stwardnienia sporyszu wykonane są w postaci zgarniaków przymocowanych do zamkniętych łańcuchów trakcyjnych, napędu obwiedniowego i kół łańcuchowych podrzędnych, a dno wanny pod zgarniakami przenośnika taśmowego gruboziarnistych roślin zbożowych na jej końcu wylotowym wykonane jest w postaci siatki, pod którym znajduje się zbiornik na nieczystości, a pod zgarniakami przenośnika sporyszu znajduje się sito, którego część wylotowa znajduje się powyżej poziomu roztworu w wannie, a dolny koniec, zanurzony w roztworze, połączony jest z płaszczyzną odblaskową.

Zaletą danego urządzenia w porównaniu z istniejącymi analogami jest zmniejszenie, kosztem konstruktywnego wykonania, zużycia energii jednostkowej procesu technologicznego, zmniejszenie zużycia metalu i nakładów jednostkowych na serwis i naprawę maszyny, zwiększenie kompletności oddzielenia zanieczyszczeń trujących (stwardnienie sporyszu) od ziarna zbóż.

4 OBLICZENIA TECHNOLOGICZNE I KONSTRUKCYJNE

DO ROZWOJU MASZYNY DO ZATRUĆ

GRUBOZIARNISTE ZANIECZYSZCZENIA

4.1 Obliczenia dotyczące nachylonego przenośnika zgrzebłowego ziarna paszowego

Do obliczeń skośnego przenośnika zgrzebłowego ziarna paszowego przyjmujemy następujący wstępny projekt i parametry technologiczne, w oparciu o opracowany podstawowy projekt i schemat technologiczny maszyny do ekstrakcji zanieczyszczeń trujących MVS-1,0:

- długość przenośnika $L1$ = 0,9 m;

- szerokość skrobaka $bsk1$ = 0,740 m;

- Wysokość skrobaka $hsk1$ = 0,050 m;

- Szerokość wanny maszyny B = 0,755 m;

- prędkość skrobaka $_{\upsilon 1}$ = 0,05 m/s;

- skrobak $tsk1$ = 0,20 m;

- kąt nachylenia przenośnika β1 = ^{400};

- gęstość roztworu wodnego soli $_{\rho в}$ = 1090 kg/m3;

- masa objętościowa transportowanego ładunku (np. ziarna żyta) $_{\rho з}$ = 680 kg/m3.

Obliczoną wydajność skośnego przenośnika zgrzebłowego dla ruchu ziaren żyta paszowego określa wzór [55]:

$$Qrz1 = 3600 \cdot A \cdot \rho з \cdot \upsilon 1 = 3600 \cdot bск1 \cdot hск1 \cdot \Psi з \cdot C\beta 1 \cdot \rho з \cdot \upsilon 1, \quad (4.1)$$

gdzie *A* jest kwadratem skrobaka, m2;

Ψ3 - współczynnik uwzględniający pełnię skrobaka z ziarnem żyta, ψ_3 = 0,6;

$C\beta 1$ jest czynnikiem, który uwzględnia kąt β1 nachylenia transportera, $C\beta 1$ = 0,5.

Przyjmując wstępne dane we wzorze (4.1) otrzymujemy $Qrz1$ = 1360 kg/h.

Zdolność pochylonego przenośnika zgrzebłowego do przemieszczania wodnego roztworu soli zgodnie z ekspresją (4.1) określa wzór:

$$Qrv1 = 3600 \cdot bc\kappa 1 \cdot hc\kappa 1 \cdot \Psi_B \cdot C\beta 1 \cdot \rho_B \cdot \upsilon 1, \qquad (4.2)$$

gdzie ψ_B jest czynnikiem uwzględniającym zawartość zgarniaka przenośnikowego z wodnym roztworem soli, ψ_B = 1,0;

Zastępując znane dane we wzorze (4.2) otrzymujemy $Qrv1$ = 3630 kg/h.

Odporność na ruch ładunku (ziaren żyta i roztworu soli) oraz organu trakcyjnego (łańcucha) na pochyłej powierzchni roboczej określa się za pomocą wyrażenia [55]:

$$Wp1 = L1 \cdot g(q + q_{ts}) \cdot (\xi 1 \cos\beta 1 + sin\beta 1),$$

(4.3)

gdzie *g oznacza przyspieszenie* swobodnego opadania ziaren żyta, *g* = 9,81 m/s2;

q - liniowa gęstość ładunku (ziarno żyta i roztwór soli), q = $Qrz1$ + + $Qrv1$/(3,6·υ1) = 1,36 + 3,63(3,6·0,05) = 27,72 kg/m;

"c - liniowa gęstość nadwozia trakcyjnego, *"c* = (0,5...0,8) ·*q* = 0,65·27,72 = 18,0 kg/m;

ξ_1 - współczynnik oporu ruchu ziaren żyta przez zgarniaki przenośnikowe, ξ_1 = 0,3...1,0.

Przyjmując współczynnik ξ_1 oporu ruchu ziaren żyta przez zgarniaki przenośnika równy 0,3 i zastępując znane wartości we wzorze (4,3) otrzymujemy, że $Wp1$ = 351,6 N.

Opór ruchu jałowej gałęzi organu trakcyjnego pochylonego przenośnika ziarna paszowego określa wzór [55]:

$$Wx1 = L1 \cdot g \cdot q_ц \cdot (\xi_ц \cos \beta 1 - \sin\beta 1),$$

(4.4)

gdzie $\xi_ц$ jest współczynnikiem oporu toczenia, $\xi_ц$ = = 0,25...0,4.

Biorąc pod uwagę, że wartości współczynnika $\xi_ц$ oporu ruchu korpusu trakcyjnego dla przenośników o mniejszej wydajności przyjmowane są duże parametry, to zastępując w wyrażeniu (4.4) znane wartości i $\xi_ц$ = 0,4, otrzymujemy, że $Wx1$ = -52,76 N.

Obliczoną siłę pociągową (siłę obwodową) na kole napędowym przenośnika taśmowego określa się za pomocą wzoru [55]:

$$F_{t1} = \xi_0^m \sum_{i=1}^{n} W_i = \xi_0^m \left[W_{p1} + W_{x1}\right],$$

(4.5)

gdzie ξ_0 to współczynnik oporu kół łańcuchowych napinających i odchylających, uwzględniający straty w przegubach łańcuchowych podczas ich zginania oraz straty w łożyskach, ξ_0 = 1,05...1.1;

n - liczba sekcji pochylonego przenośnika, $n = 2$;

m - liczba kół łańcuchowych odgałęzienia przenośnika nachylonego z wyjątkiem napędzającego, $m = 2$.

Przyjmując ξ_0 = 1,1 i zastępując w wyrażeniu (4.5) stwierdzone wartości $Wp1$ i $Wx1$ wzorami (4.3) i (4.4) ustalamy, że $Ft1$ = 361,59 N.

Aby określić siły w korpusie trakcyjnym pochylonego przenośnika ziarna paszowego, należy najpierw określić minimalne napięcie łańcucha od stanu stabilności zgarniacza według wzoru [55]:

$$Fmin1 = g(q + q_{ts}) \cdot [(\xi 1 \cos \beta 1 + \sin\beta 1)_{\cdot hcк1}] \cdot (tsk1/tz) \cdot tg\theta,$$

(4.6)

gdzie tz jest podziałką łańcucha, ze względów projektowych przyjmujemy tz = 0,0127 m;

θ - dopuszczalny kąt odchylenia zgarniaków, $\theta = 2..^{\cdot 30}$.

Następnie, przyjmując dopuszczalny kąt odchylenia zgarniaków, $\theta = ^{30}$ i zastępując dane początkowe we wzorze (4.5), otrzymujemy $Fmin1$ = 15,995 N.

Siłę w uciekającej gałęzi transportowego nadwozia trakcyjnego, w danym przypadku, określa się za pomocą wyrażenia [55]:

$$Fsb1 = Fmin1 - Wx1 = 15.995 - (-52.76) = 68.755 \text{ N}.$$

(4.7)

Siłę w włóczącej się gałęzi organu trakcyjnego przenośnika taśmowego określa wzór [55]:

$$Fnb1 = Ft1 + Fsb1 = 361{,}59 + 68{,}755 = 403{,}35 \text{ N}. \quad (4.8)$$

Aby dobrać rozmiar łańcucha, należy przyjąć współczynnik bezpieczeństwa
[n] = 10 zalecany dla przenośników o pochyłych odcinkach [1, 13, 55].

Obliczoną siłę zrywającą w łańcuchu przenośnika określa następujący wzór [55]:

$$Fr1 = \text{Fmax1}\cdot[n] = 2\cdot F\text{н}\text{б}1\cdot[n] = 2\cdot 403{,}35\cdot 10 = 8606{,}91 \text{ N}. \quad (4.9)$$

Na wartość $Fr1$ i wychodząc od rozważań projektowych wybieramy dla przenośnika ziarna paszowego równomierny napędowy łańcuch rolkowy typu PR-12,7-9 o następujących parametrach: stopień tz = 12,7 mm; obciążenie niszczące $[FP]$ = 9 kN [25].

Dalej definiujemy obciążenie dynamiczne działające w łańcuchu przenośnika ziarna paszowego za pomocą wyrażenia [55]:

$$Fd1 = 1{,}5\cdot m1\cdot t\text{ц}\cdot \omega 2\text{зв}1, \quad (4.10)$$

gdzie $m1$ oznacza masę przewożonego ładunku i trakcji, $m1 = (q + 2qz)L1$ = (27,72 + 2·18,0)·0,9 = 57,35 kg;

$\omega_{\text{зв}1}$ - koło napędowe z prędkością kątową, $\omega_{\text{зв}1} = 2\cdot v1/Dzv1$, s-1;

$Dzv1$ - średnica podziałowa koła napędowego, $Dzv1 = tz/sin(180/z)$, mm;

z - akceptowana liczba zębów gwiazdek, która musi być parzysta i nie mniejsza niż 10, akceptacja $z = 24$.

Następnie średnica podziałowa koła napędowego wynosi $Dzv1$ = = 0,0127/sin(180/24) = 97,3·10-3 m, a prędkość kątowa koła napędowego $_{\omega зв1}$ = 2·0,05/0,0973 = 1,03 s-1. Obciążenie dynamiczne $Fd1$ działające w łańcuchu przenośnikowym wyniesie 1,159 N, zastępując uzyskane wartości dla wzoru (3.10).

Obliczoną siłę niszczącą w łańcuchu przenośnikowym gruboziarnistych roślin zbożowych określa się według następującego wzoru [55]:

$$Fr1 = Fnb1 + Fd1 = 403{,}35 + 1{,}159 = 404{,}51 \text{ N}.$$

(4.11)

Dalsza kontrola łańcucha transportowego gruboziarnistych roślin zbożowych polega na określeniu współczynnika bezpieczeństwa poprzez wyrażenie [55]:

$$\text{n} = [FP]/Fr1 \geq [\text{n}],$$

(4.12)

wtedy obliczony zostanie współczynnik bezpieczeństwa wytrzymałości łańcucha przenośnika:
n = 9000,2/404,51 = 22,3 > 10, co stanowi 2,2-krotność minimalnej dopuszczalnej wartości. W związku z tym wytrzymałość statyczna łańcucha jest zapewniona nawet wtedy, gdy przenośnik pracuje w aktywnym agresywnym środowisku korozyjnym (wodne roztwory soli nieorganicznych).

4.2 Obliczenia dotyczące nachylonego przenośnika zgrzebłowego do zgarniania sporyszu

Do wykonania obliczeń przenośnika zgrzebłowego stwardnienia sporyszu przyjmujemy następujące wstępne parametry konstrukcyjne i technologiczne wynikające z opracowanego podstawowego projektu i schematu technologicznego maszyny do rozdziału zanieczyszczeń trujących MVS-1,0:

- długość przenośnika $L2 = 0{,}55$ m;

- szerokość skrobaka $bsk2$ = 0,740 m;

- Wysokość skrobaka $hsk2$ = 0,040 m;

- Szerokość wanny maszyny B = 0,755 m;

- prędkość skrobaka $_{\upsilon 2}$ = 0,025 m/s;

- skrobak $tsk2$ = 0,127 m;

- kąt nachylenia przenośnika β2 = ^{80};

- gęstość roztworu wodnego soli $_{\rho в}$ = 1090 kg/m3;

- masa objętościowa transportowanego ładunku (stwardnienie rozsiane sporyszu) $_{\rho c}$ = 530 kg/m3.

Obliczoną wydajność skośnego przenośnika zgrzebłowego do przemieszczania sklerozy sporyszu określa wzór [55]:

$$Qrs2 = 3600 \cdot A \cdot \rho c \cdot \upsilon 2 = 3600 \cdot bcк2 \cdot hcк2 \cdot \Psi c \cdot C\beta 2 \cdot \rho c \cdot \upsilon 2, \quad (4.13)$$

gdzie A jest kwadratem skrobaka, m2;

Ψc - współczynnik uwzględniający pełnię przenośnika zgrzebłowego z twardziną sporyszu, $_{\psi c}$ = 0,04;

$C\beta 2$ jest czynnikiem, który uwzględnia kąt β2 nachylenia transportera, $C\beta 2$ = 0,89.

Zastępując dane początkowe we wzorze (4,13) otrzymujemy $Qr2$ = 50 kg / h.

Zdolność pochylonego przenośnika zgrzebłowego do przemieszczania wodnego roztworu soli zgodnie z ekspresją (4.13) określa wzór:

$$Qrv2 = 3600 \cdot bcк2 \cdot hcк2 \cdot \Psi в \cdot C\beta 2 \cdot \rho в \cdot \upsilon 2, \quad (4.14)$$

gdzie $_{\psi в}$ jest czynnikiem uwzględniającym zawartość zgarniaka przenośnikowego z wodnym roztworem soli, $_{\psi в}$ = 1,0;

Przyjmując znane dane we wzorze (4,14) otrzymujemy $Qrv2$ = 2580 kg/h.

Odporność na przemieszczanie się ładunku (skleroza sporyszu i roztworu soli) oraz organu trakcyjnego (łańcucha) na pochyłych powierzchniach roboczych jest określona wyrażeniem [55]:

$$Wp2 = L2 \cdot g(q + q_{ts}) \cdot (\xi 2\cos \beta 2 + \sin\beta 2),$$

(4.15)

gdzie g jest przyspieszeniem swobodnego opadania ziarna żyta, $g = 9{,}81$ m/s2;

q - liniowa gęstość ładunku (skleroza sporyszu i roztworu soli), q = $Qrs2$ + $Qrv1/(3{,}6 \cdot \upsilon 2) = 0{,}05 + 2{,}588/(3{,}6 \cdot 0{,}025) = 28{,}72$ kg/m;

$''c$ - liniowa gęstość nadwozia trakcyjnego, $''c = (0{,}5...0{,}8) \cdot q = 0{,}65 \cdot 28{,}72$ = = 18,66 kg/m;

$\xi 2$ - współczynnik oporu na przemieszczanie się ładunku przez zgarniaki przenośnikowe,
$\xi 2 = 0{,}3 \ldots 1{,}0$.

Przyjmując współczynnik $\xi 2$ oporu ruchu ładunku przez zgarniaki transportera równy 0,3 i zastępując znane wartości we wzorze (4,15) otrzymujemy, że $Wp2 = 111{,}46$ N.

Opór ruchu jałowej gałęzi organu trakcyjnego pochylonego przenośnika sklerozy sporyszu określa wzór [55]:

$$Wx2 = L2 \cdot g \cdot q\eta \cdot (\xi\eta \cos \beta 2 - \sin\beta 2),$$

(4.16)

gdzie $\xi\eta$ to współczynnik oporu, $\xi\eta = 0{,}3$.

Następnie zastępując w tym wyrażeniu (4.16) znane nam wartości otrzymujemy, że $Wx2 = 15.91$ N

Obliczoną siłę ciągnącą (siłę obwodową) na kole napędowym określa się za pomocą wzoru [55]:

$$F_{t2} = \xi_0^m \sum_{i=1}^{n} W_i = \xi_0^m \left[W_{p2} + W_{x2}\right] ,$$

(4.17)

gdzie ξ_0 - współczynnik oporu na kołach łańcuchowych napinających i odchylających, uwzględniający straty w ogniwach łańcucha podczas ich zginania oraz straty w łożyskach, ξ_0 = = 1,05...1.1;

n - liczba sekcji pochylonego przenośnika, $n = 2$;

m - liczba kół łańcuchowych odgałęzienia przenośnika nachylonego z wyjątkiem napędzającego, $m = 4$.

Przyjmując ξ_0 = 1,1 i zastępując w wyrażeniu (4.17) znalezione wartości $Wp2$ i $Wx2$ formułami (4.15) i (4.16) określamy, że $Ft2$ = 186,48 N.

W celu określenia sił w narządzie trakcyjnym pochylonego przenośnika sklerozy sporyszu najpierw określa się minimalne naprężenie łańcucha od stanu stabilności zgarniaka zgodnie ze wzorem [55]:

$$Fmin2 = g(q+ q_{ts})\cdot[(\xi 2\cos \beta 2+sin\beta 2)_{\cdot нск2}]\cdot(tsk2/tz)\cdot tg\theta, \quad (4.18)$$

gdzie tz jest podziałką łańcucha, ze względów projektowych przyjmujemy tz = 0,0127 m;

θ - dopuszczalny kąt odchylenia zgarniaków, $\theta = 2..^{.30}$.

Następnie, przyjmując dopuszczalny kąt odchylenia zgarniaków, $\theta = {}^{30}$ i zastępując dane początkowe we wzorze (4.18), otrzymujemy $Fmin2$ = 4.22 N.

Siła w uciekającej gałęzi nadwozia trakcyjnego transportera, w danym przypadku, jest określona wyrażeniem [55]:

$$Fsb2 = Fmin2 - Wx2 = 4{,}22 - 15{,}91 = -11{,}69 \text{ N}. \quad (4.19)$$

Siłę w atakującej gałęzi organu trakcyjnego przenośnika do stwardnienia sporyszu określa wzór [55]:

$$Fnb2 = Ft2 + Fsb2 = 186{,}48 - (-11{,}69) = 198{,}17 \text{ N}. \quad (4.20)$$

Aby dobrać rozmiar łańcucha, należy przyjąć współczynnik bezpieczeństwa
[n] = 10 zalecany dla przenośników o pochyłych odcinkach [1, 13, 55].

Obliczoną siłę niszczącą w łańcuchu przenośnika sklerozy sporyszu określamy za pomocą następującego wzoru [61]:

$Fr2$ = Fmax2·[n] = 2·Fнб2·[n] = 2·198,17·10 = 3963,4 N. (4.21)

Na wartości $Fr2$ i postępując z powodów konstrukcyjnych, a także unifikacji węzłów i części maszyn, wybieramy dla przenośnika wiórów skleroskopowych jednorzędowy łańcuch rolkowy typu PR-12,7-9 o parametrach: stopień tz = 12,7 mm; obciążenie niszczące [FR] = 9 kN [25].

Następnie określamy obciążenie dynamiczne działające w łańcuchu przenośnikowym za pomocą wyrażenia [55]:

$Fd2$ = 1,5·m2·tц· ω2зв2, (4.22)

gdzie $m2$ jest masą przewożonego ładunku i nadwozia trakcyjnego, $m2 = (q + 2qz)L2$ =
= (28,72 + 2·18,66)·0,55 = 36,32 kg;

ωзв2 - koło napędowe z prędkością kątową, ωзв2 = 2·υ2/Dzv2, s-1;

$Dzv2$ - średnica podziałowa koła napędowego, $Dzv2$ = tz/sin(180/z), mm;

z - akceptowana liczba zębów gwiazdek, która musi być parzysta i nie mniejsza niż 10, akceptacja z = 24.

Następnie średnica podziałowa koła napędowego wynosi $Dzv2$ =
= 0,0127/sin(180/24) = 97,3·10-3 mm, a prędkość kątowa koła napędowego ωзв2 = =
2·0,025/0,0973 = 0,514 s-1. Zastępując uzyskane wartości do wzoru (4.21), dynamiczne obciążenie $Fd2$ działające w łańcuchu przenośnikowym wyniesie 0,183 N.

Obliczoną siłę niszczącą w łańcuchu przenośnika do sklerozy sporyszu określa następujący wzór [55]:

$Fr2$ = $Fnb2$ + $Fd2$ = 198,17 + 0,183 = 198,35 N. (4.23)

Dalsza kontrola łańcucha przenośnika sklerozy sporyszu polega na określeniu współczynnika bezpieczeństwa na wyrażeniu [55]:

n = [FP]/$Fr2$ ≥ [n] (4.24)

Zgodnie z równaniem (4.24), obliczony współczynnik bezpieczeństwa łańcucha przenośnika będzie wynosił: n = 9000/198,32 = 45,4 > 10. Margines bezpieczeństwa łańcucha przenośnika do rozwarstwienia sporyszu jest 4,5 razy większy niż minimalna dopuszczalna wartość. Tak więc praktycznie 80 % powierzchni przenośnika podczas jego pracy znajduje się w przestrzeni powietrznej, a zatem procesy korozyjne w łańcuchu zwilżonym roztworem soli zachodzą kilkadziesiąt razy szybciej, powodując skrócenie jego żywotności w porównaniu z sytuacją, gdy łańcuch pracuje tylko w jednym środowisku (roztwór soli). W związku z tym, biorąc pod uwagę wyżej wymienioną wytrzymałość statyczną łańcucha, jest ona zapewniona, gdy przenośnik pracuje w środowisku aktywnie agresywnym korozyjnie.

4.3 Wybór silnika elektrycznego do napędu skośnych przenośników zgrzebłowych i sklerozy sporyszu

Moc znamionową silnika elektrycznego do napędu jednokanałowego przenośnika taśmowego uchylnego określa wzór [4, 55]:

$$N_{эл} = \frac{F_t \upsilon}{1000 \eta_{м} \eta_{зв}}, \quad (4.25)$$

gdzie *Ft* jest obliczoną siłą ciągnącą (siłą obwodową) na kole napędowym przenośnika, H;

υ - prędkość taśmy przenośnika, m/s;

$\eta_{м}$ - współczynnik sprawności transmisji, $\eta_{м} = 0{,}9$;

$\eta_{зв}$ - sprawność koła napędowego, $\eta_{зв} = 0{,}98$.

Postępując według wzoru (4.25), oblicza się obliczoną moc silnika elektrycznego dla napędu dwóch pochylonych przenośników dwułańcuchowych (ziarno paszowe roślin zbożowych i stwardnienie rozchodowe sporyszu):

$$N_{эл} = 2 \cdot \left(\frac{F_{t1} \upsilon_1 + F_{t2} \upsilon_2}{1000 \eta_{м} \eta_{зв}} \right).$$

(4.26)

Następnie, zastępując znane wartości, a także występujące we wzorach (4,5) i (4,17) wartości *Ft1* = 361,59 N i *Ft2* = 186,48 N, moc znamionowa silnika elektrycznego do napędu przenośników ziarna paszowego roślin zbożowych i sklerotek sporyszu wyniesie *Nel* = 0,052 kW.

Otrzymaną wartość mocy z uwzględnieniem jej rezerwy można zastosować silnik elektryczny o znaku AIR80 V8, przy którym moc znamionowa *Nel* nom = 0,55 kW i znamionowa (asynchroniczna) prędkość obrotowa *wału* = 750 min-1 [26].

4.4 Obliczenie kinematyki napędowej dla pochylonych przenośników zgrzebłowych

ziarno gruboziarniste i skleroza sporyszu

W celu obliczenia napędu dwułańcuchowych pochyłych przenośników dla ziaren gruboziarnistych i sklerozy sporyszu maszyny MVS-1.0 do ekstrakcji trujących zanieczyszczeń z ziarna zbóż, wstępnie wykonuje się kinematyczny schemat napędu, który przedstawiono na rysunku 4.1.

Zgodnie z przedstawionym schematem moment obrotowy z silnika elektrycznego jest przekazywany do przekładni redukcyjnej poprzez przekładnię pasową. Z wału przekładni przez koła łańcuchowe *Z1* i *Z2* obrót jest dalej przekazywany przez przekładnię łańcuchową na koła łańcuchowe *Z4* i *Z7*, które są zamontowane na górnych wałach przenośników odpowiednio gruboziarnistych i sklerozy sporyszu. Długość taśmy przenośnikowej dla gruboziarnistych roślin zbożowych wynosi 0,9 m, dzięki czemu przekładnia łańcuchowa posiada podporę i koło łańcuchowe *Z3* do napinania tego łańcucha. Płodozmian przenośnika sklerozy sporyszu jest odwrotny niż w przypadku przenośnika ziarna paszowego roślin zbożowych. Dlatego też koła łańcuchowe *Z6* i *Z8 przeznaczone* są do zginania koła łańcuchowego *Z7 przenośnika tarczowego i* obracania przenośnika w innym kierunku niż przenośnika gruboziarnistego oraz koła łańcuchowego *Z5* do napinania łańcucha.

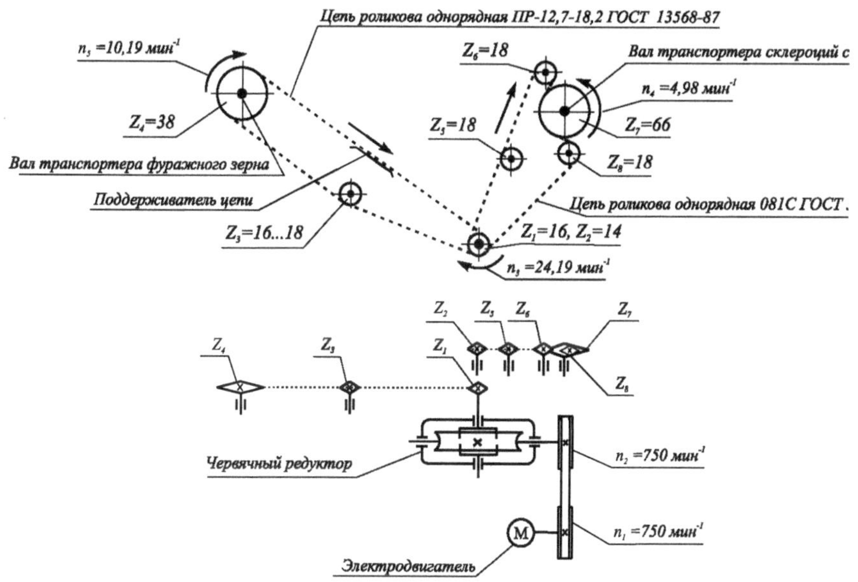

Rysunek 4.1 - Kinematyczny schemat napędu pochylonych przenośników ziarna paszowego i sklerozy sporyszu maszyny MVS-1.0 do oddzielania zanieczyszczeń trujących od ziarna zbóż.

Ze względów konstrukcyjnych, jako redukcję prędkości obrotowej silnika elektrycznego przyjmuje się reduktor ślimakowy 2CH-63-31,5-51-1110-UZ-C o przełożeniu *i2* = 31. Wały wejściowe i wyjściowe tej przekładni są napędzane. Wysokość do osi wału wejściowego przekładni wynosi 82 mm, co odpowiada wysokości do osi wału silnika (80 mm). Maksymalny moment obrotowy na wale wyjściowym przekładni wynosi *Mt* = 138 Н·м przy prędkości obrotowej wału wejściowego *n2* = 750 min-1 [158].

Obrót od silnika do przekładni odbywa się za pomocą przekładni pasowej o przełożeniu *i1* = 1. Do przenoszenia ruchu obrotowego stosuje się pas o przekroju poprzecznym A(B), którego długość obliczona jest w następujący sposób
Lp = 750...800 mm [27].

Średnice podziałowe koła pasowego na wale silnika *d1* i rolki napędowej przekładni *d2 są* równe i wynoszą 90 mm. Odpowiednio, prędkość obrotowa wału silnika *n1* = 750 min-1 odpowiada prędkości obrotowej wału wejściowego przekładni *n2* = 750 min-1 [4, 28, 158].

Liczba obrotów na wale wyjściowym przekładni wynosi *n3* = *n2/i2* = = 750/31 = 24,19 min-1.

Prędkość obrotowa *n5* wału wiodącego przenośnika ziarna paszowego zgodnie z opracowanym schematem kinematycznym jest określana za pomocą wyrażenia:

$$n_5 = \frac{n_1}{i_1 \cdot i_2 \cdot i_3},$$

(4.27)

gdzie *i1* jest przełożeniem od silnika do przekładni, *i1* = *d2/d1* = 1;

i2 - przełożenie skrzyni biegów, *i2* = 31;

i3 - Przełożenie od koła napędowego *Z1* wałka zębatego do koła napędowego *Z4* przekładni łańcuchowej przenośnika ziarna, *i3* = *Z4/Z1*.

Liczba zębów koła napędowego przekładni łańcuchowej przenośnika ziarna paszowego wynosi *Z1* = 16, a liczba zębów koła napędowego przenośnika ziarna paszowego wynosi *Z4* = 38. Następnie, zastępując znane wartości we wzorze (4,27), otrzymujemy, że *n5* = 10,19 min-1.

W rezultacie, liniowa prędkość obrotowa przenośnika taśmowego dla gruboziarnistych roślin zbożowych, określona przez ekspresję:

$$\upsilon 1 = \pi \cdot n5 \cdot D_{ЗВ1} = \pi \cdot n5 \cdot t_Ц/\sin(180/z) =$$

$$= 3{,}14 \cdot (10{,}19\ /60) \cdot 0{,}0127/\sin(180/24) = 0{,}0519\ m/s,$$

która odpowiada wartości ustawionej pierwotnie.

Stosunek *i3* z koła napędowego *Z1* wału przekładni do koła napędowego *Z4 w* przenośniku gruboziarnistym wynosi zatem 2,375. Ponadto, zgodnie z zaleceniem [4], liczba zębów w kole zębatym przekładni łańcuchowej przenośnika gruboziarnistego wynosi *Z3* = 18.

Prędkość obrotowa *n4* wału napędowego przenośnika sklerozy sporyszu zgodnie z opracowanym schematem kinematycznym jest określana za pomocą wyrażenia:

$$n_4 = \frac{n_1}{i_1 \cdot i_2 \cdot i_4},$$

(4.28)

gdzie *i4* jest przełożeniem od koła napędowego *Z2* wałka zębatego do koła łańcuchowego *Z7 koła łańcuchowego* przenośnika z tarczą ruchomą, *i4* = *Z7*/*Z2*.

Liczba zębów koła łańcuchowego przekładni łańcuchowej przenośnika taśmowego z tarczą ścierną wynosi *Z2* = 14, a liczba zębów koła łańcuchowego napędu łańcuchowego wynosi *Z7* = 68. Następnie, zastępując znane wartości we wzorze (4,28), otrzymujemy, że *n4* = 4,98 min-1.

W wyniku tego liniowa prędkość obrotowa przenośnika do sklerozy sporyszu jest określana za pomocą wyrażenia:

$$\upsilon 2 = \pi \cdot n4 \cdot D\text{зв}1 = \pi \cdot n4 \cdot t\text{ц}/\sin(180/z) =$$

$$= 3,14 \cdot (4,98/60) \cdot 0,127/\sin(180/24) = 0,0254 \text{ m/s},$$

która odpowiada wartości ustawionej pierwotnie.

W związku z tym przełożenie z koła napędowego *Z1* wału zębatego na koło napędowe *Z4 w* przenośniku taśmowym do elektrozaczepów wynosi 4.857. Ponadto, zgodnie z zaleceniem [4], przyjmujemy *Z5* = *Z6* = *Z8* = 18 dla liczby kół łańcuchowych w kole łańcuchowym przekładni łańcuchowej przenośnika z wałkiem rozrządu.

4.5 Obliczanie momentu obrotowego sił działających na wał koła napędowego

podajnik przenośnik ziarna i przenośnik zgorzeliny

ergot

Obliczenie momentu sił działających na wał koła napędowego przenośnika jest konieczne do wyjaśnienia wielkości wybranej przekładni ślimakowej 2CH-

40-31,5-51-1U2 o przełożeniu $i2 = 31$.

Obliczanie momentu sił działających na wał koła napędowego pochylonego przenośnika odbywa się według poniższego wzoru [1, 55]:

$$T_{зв} = F_t \cdot \frac{D_{зв}}{2\eta_{зв}},$$

(4.29)

gdzie *Ft* jest obliczoną siłą ciągnącą (siłą obwodową) na kole napędowym przenośnika, H;

Dzv - średnica podziałowa koła napędowego przenośnika, m;

$\eta_{зв}$ - sprawność koła napędowego, $\eta_{зв} = 0,98$.

Na podstawie wzoru (4.29) określa się moment sił działających na wał koła napędowego pochylonego przenośnika ziarna paszowego roślin zbożowych i pochylonego przenośnika do sklerozy sporyszu:

$$T_{зв} = F_{t1} \cdot \frac{D_{зв4}}{2\eta_{зв}} + F_{t2} \cdot \frac{D_{зв7}}{2\eta_{зв}},$$

(4.30)

gdzie *Dzv4* jest średnicą podziałową koła napędowego przenośnika gruboziarnistego, *Dzv4* = *tz*/*sin*(180/z4) = 0,0127/sin(180/38) = 153,75·10-3 m;

Dzv7 - średnica podziałowa koła zębatego napędzającego przenośnika rolkowego, *Dzv7* = *tz*/*sin*(180/z7) = 0,0127/sin(180/68) = 275,0·10-3 m;

Następnie, zastępując znane wartości, a także stwierdzone za pomocą wzorów (4,5) i (4,17) wartości *Ft1* = 361,59 N i *Ft2* = 186,48 N, moment sił działających na wał gwiazdy prowadzącej pochylonego przenośnika ziarna paszowego i pochylonego przenośnika sklerozy sporyszu, będzie wynosił *Tzv* = 54,53 Н·м.

Tak więc całkowity moment obrotowy sił działających na wały prowadzące przenośników zgarniających ziarna paszowe i sporyszu wynosi *Tzv* = = 54,53 HN·м, co jest mniejsze od maksymalnego momentu obrotowego *Mt* = 138 HN·м na wale wyjściowym przekładni ślimakowej 2CH-63-31,5-51-1110-UZ-S.

W związku z tym reduktor ślimakowy został dobrany z 2,4-krotnym marginesem bezpieczeństwa, który odpowiada specyfikacji budowy maszyny MVS-1.0 do ekstrakcji trujących zanieczyszczeń z ziarna zbóż.

4.6 Wstępne obliczenie wytrzymałości wału napędowego przenośnika zgrzebłowego podającego

Dane wejściowe do obliczenia wału napędowego przenośnika zgrzebłowego dla roślin paszowych na ziarno ustalane są na podstawie obliczeń trakcyjnych, kinematycznych i mocy tego przenośnika:

- Moment obrotowy na wale napędowym $T4$ = 28,4 Н·м;

- siła w gałęzi wędrującej korpusu trakcyjnego przenośnika taśmowego $Fnb1$ = = 403,35 N;

- siła w wydostającym się odgałęzieniu korpusu trakcyjnego przenośnika $Fsb1$ = 68,755 N;

- minimalne naprężenie łańcucha przenośnika ze względu na stan stabilności zgrzebeł (siła wynikająca z napięcia przekładni łańcucha) $Fmin1$ (Rz) = 15,995 N;

- kąt nachylenia przenośnika (kąt siły Rz) $\beta 1 = ^{400}$.

Siła naciągu łańcucha naciągowego jest określana za pomocą wzoru:

$$F = 0,5\ (Fnb1 + Fsb1), \qquad (4.31)$$

która po zastąpieniu znanych wartości $Fnb1$ i $Fsb1$ wynosi 236,053 N.

Wstępne obliczenie wytrzymałości wału napędowego przenośnika zgrzebłowego dla gruboziarnistych ziaren odbywa się po stronie końcowej wału, gdzie zainstalowana jest zębatka podłużna o liczbie zębów $Z4$ = 38. Schemat obliczonego odcinka napędowego dwułańcuchowego przenośnika zgrzebłowego gruboziarnistych roślin zbożowych przedstawiono na rys. 4.2.

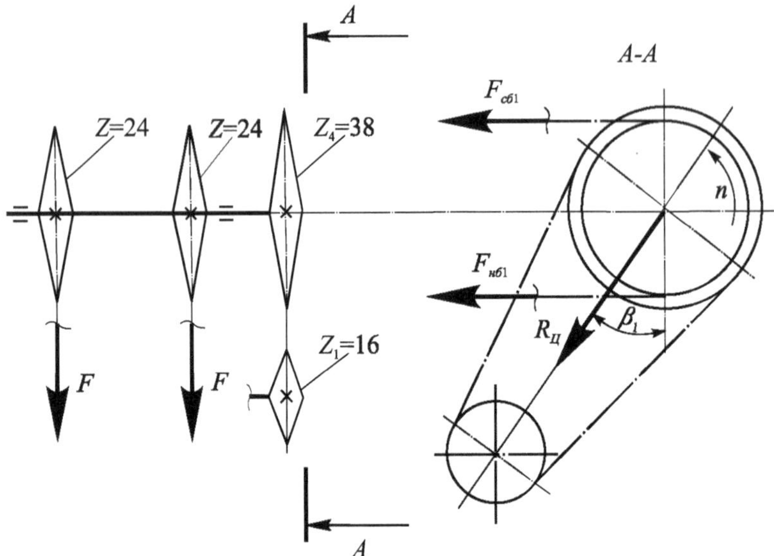

Rysunek 4.2 - Obliczony schemat przekroju napędowego dwułańcuchowego przenośnika zgrzebłowego dla gruboziarnistych roślin zbożowych

Do obliczeń przyjmujemy materiał wału - stal 35, gdzie dopuszczalne naprężenie [τk] wynosi 15,9 MPa, a dopuszczalna granica wytrzymałości *[σ-1 i]* wynosi 24 MPa [4].

Wstępną średnicę wału dwułańcuchowego przenośnika zgrzebłowego dla zgrubnych ziaren zbóż oblicza się według wzoru [4, 47]:

$$d_0 \geq \sqrt[3]{\frac{T_4}{0{,}2[\tau_\kappa]}}, \qquad (4.32)$$

która po zastąpieniu znanych wartości *T4* i [τk] wynosi 20,7 mm.

Na tej średnicy wału montowane jest koło łańcuchowe i zabezpieczone połączeniem wpustowym. Wał zostanie poluzowany przez rowek wpustowy, więc zwiększamy średnicę wału *d0* o 7...10%:

$$d0 = 20,7 + (1.45...2.07) = 22,15...22,77 \text{ mm}$$

i zgodnie z GOST 6636-69 [29] przyjmujemy standardową wartość średnicy *d0* = 22 mm.

Odległości między przekrojami wałów, w których przykładane są obciążenia zewnętrzne wynoszą *l1* = 108 mm, l1 = 28 mm, *l1* = 623 mm, które są określane na podstawie układu konstrukcyjnego przenośnika zgrzebłowego dla gruboziarnistych roślin zbożowych.

4.7 Obliczenia dotyczące wałka napędowego przenośnika zgarniakowego paszy w równoważnym czasie

4.7.1 Określanie reakcji pomocniczych

W celu określenia reakcji odniesienia wykonuje się schemat konstrukcyjny wału napędowego przenośnika zgarniakowego ziarna paszowego, który przedstawiono na rysunku 4.3. Schemat obliczania wału jest przestrzennym systemem sił arbitralnych. Nieznane reakcje podporowe w punktach *B* i *E* są określane za pomocą równań równowagi statycznej.

Reakcje wsporników skierowanych wzdłuż *osi Z* są określane za pomocą następujących równań:

$\Sigma mXB\,(\overline{F}_K) = 0$; RЦ·cosβ1·11 - ZE·(2 *l2* + *l3*) = 0.

(4.33)

$$Z_E = \frac{R_Ц \cdot \cos\beta_1 \cdot l_1}{2l_2 + l_3} = \frac{15{,}995 \cdot \cos 40^0 \cdot 108}{2 \cdot 28 + 623} = 1{,}95\ H \cdot$$

$\Sigma mXE\,(\overline{F}_K) = 0$; RЦ·cosβ1·(*l1* +2l2 + *l3*) - ZB·(2 *l2* + *l3*) = 0. (4.34)

$$Z_B = \frac{R_Ц \cdot \cos\beta_1 \cdot (l_1 + 2l_2 + l_3)}{2l_2 + l_3} = \frac{15{,}995 \cdot \cos 40^0 \cdot (108 + 2 \cdot 28 + 623)}{2 \cdot 28 + 623} = 14{,}20\ H$$

Suma występów wszystkich sił zewnętrznych na *osi Z* powinna być równa zeru:

$F_{KZ}\Sigma F_{KZ} = 0$; - $_{\text{RЦ}\cdot\cos\beta 1}$ + ZV - ZE = - $15^{,995\cdot\cos 400}$ + 14,20 - 1,95 ≡ 0.

Reakcje wsporników skierowanych wzdłuż osi X są określone za pomocą następujących równań:

$_{\Sigma mZB}(\overline{F}_K) = 0$; RЦ·sinβ1·11 - $_{\text{F}\cdot 12}$ - F·($l2$ + $l3$) + XE·(2 $l2$ + $l3$) = 0.

(4.35)

$$Z_X = \frac{-R_Ц \cdot \sin\beta_1 \cdot l_1 + F \cdot l_2 + F \cdot (l_2 + l_3)}{2l_2 + l_3} =$$

$$= \frac{-15{,}995 \cdot \sin 40^0 \cdot 108 + 236{,}053 \cdot 28 + 236{,}053 \cdot (28 + 623)}{2 \cdot 28 + 623} = 234{,}42 \text{ Н}.$$

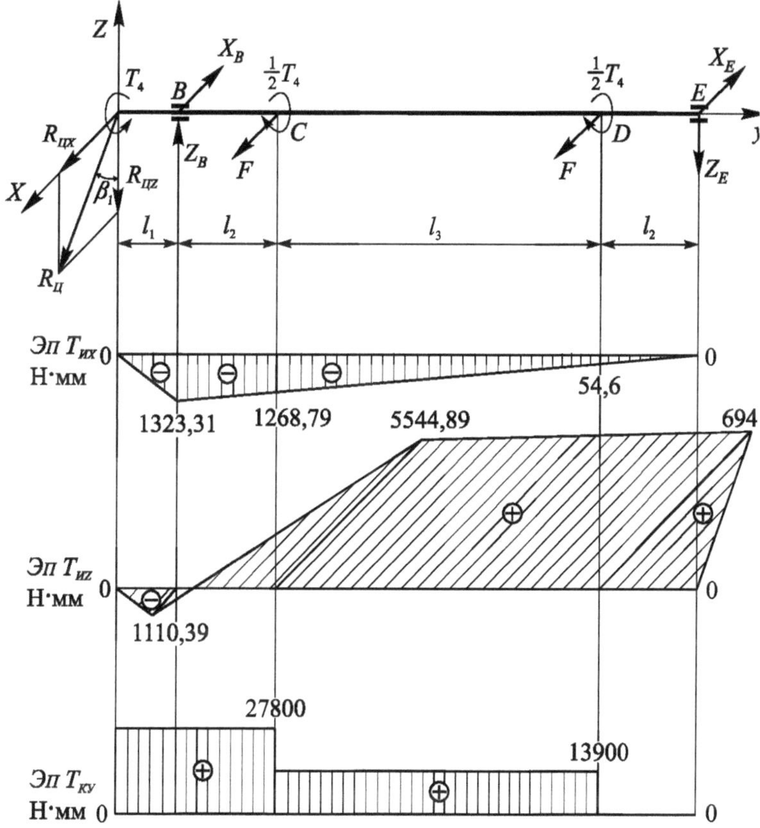

Rysunek 4.3 - Obliczenie wału napędowego przenośnika zgrzebłowego dla gruboziarnistych roślin zbożowych oraz wykres momentu obrotowego zginania i skręcania

$$\Sigma mZE(\overline{F}_K) = 0;\ RЦ \cdot sin\beta 1 \cdot (l1 + 2l2 + l3) - XB \cdot (2l2 + l3) + F \cdot (l2 + l3) + F \cdot l2 = 0. \quad (4.36)$$

$$Z_B = \frac{R_Ц \cdot \sin\beta_1 \cdot (l_1 + 2l_2 + l_3) + F \cdot (l_2 + l_3) + F \cdot l_2}{2l_2 + l_3} =$$

$$= \frac{15{,}995 \cdot \sin 40^0 \cdot (108 + 2 \cdot 28 + 623) + 236{,}053 \cdot (28 + 623) + 236{,}053 \cdot 28}{2 \cdot 28 + 623} = 247{,}97\,Н.$$

Suma występów wszystkich sił zewnętrznych na osi *X* powinna być równa zeru:

$F_{KX}\Sigma F_{KX}$ = 0; RЦ·sinβ1 - *CW* + *F* + *F-HE* = 15·995·sin400 - 247,97 + 236,053 +
236,053 - 234,42 ≡ 0.

Sprawdzenie sumy rzutów wszystkich sił zewnętrznych w ΣF_{KZ} i ΣF_{KX} na osiach *Z* i *X wykazuje*, że reakcje podpór są określone prawidłowo i mają następujące wartości: *ZB* = 14,20 N; *ZE* = 1,95 N; *CE* = 234,42 i *CV* = 247,97 N.

4.7.2 Budowa emulsji do gięcia i skręcania

Wykresy momentu zginającego *MIX* i *MIZ* są skonstruowane dla dwóch wzajemnie prostopadłych płaszczyzn w kierunku odpowiednio osi *X* i *Z*.

Wykres momentu gnącego wału napędowego przenośnika w punktach *B*, C i *D jest* zdefiniowany w następujący sposób:

MICHV = - RЦ·cosβ1·l1 = - 15,995·cos400·108 = - 1323,31 Н·ммм.
(4.37)

MIHS = - *RЦ·cosβ1·(l1 + l2)* + ZB·l2 = - 15 995·cos400·(108 + 28) +.

+ 14,20·28 = - 1268,79 Н·ммм.
(4.38)

MICHD = - ZE·l2 = - 1.95·28 = - 54.6 Н·ммм.
(4.39)

Na podstawie wyników obliczeń skonstruowano wykres momentu zginającego *MIX* na skali (rysunek 4.3).

Wykres momentu gnącego *MIZ* w punktach *B*, C i *D* wału napędowego przenośnika wyznacza się za pomocą następujących wzorów:

MIZW = - RЦ·sinβ1·l1 = - 15,995·sin400·108 = - 1110,39 Н·ммм.
(4.40)

MIZS = - RЦ·sinβ1·(*l1* + *l2*) + XB·l2 = - 15 995·sin400·(108 + 28) +.

+ 247,97·28 = 5544,89 Н·ммм.

(4.41)

MIZD = XB·l2 = 247,97·28 = 6943,16 Н·ммм.

(4.42)

Wykres momentu zginającego *MIZ* jest budowany na podstawie przedstawionych wartości obliczeniowych (rysunek 4.3).

Meble *TKU są skonstruowane z uwzględnieniem* warunku, że moment obrotowy *T4* jest równomiernie rozłożony pomiędzy koła łańcuchowe znajdujące się w punktach *C* i *D* obliczonego schematu wału przenośnika gruboziarnistego (rysunek 4.3).

4.7.3 Obliczanie średnicy wału w części niebezpiecznej

Niebezpieczny przekrój poprzeczny, w którym występują największe momenty zginające i skręcające może znajdować się w punktach *C* i *D* obliczonego wykresu wału napędowego przenośnika gruboziarnistego.

Moment równoważny określa się za pomocą wzoru [47]:

$$M_{Экв} = \sqrt{M_{И}^{2} + T_{К}^{2}},$$

(4.43)

gdzie *MI jest* momentem gnącym w niebezpiecznym przekroju wału, Hmm;

TK - moment obrotowy w niebezpiecznym przekroju wału, N mm.

Siły zewnętrzne działające na wał przenośnika mają na ogół układ przestrzenny, a moment zginający pochodzi od momentów działających w dwóch wzajemnie prostopadłych płaszczyznach według wzoru [47]:

$$M_{И} = \sqrt{M_{ИХ}^{2} + T_{KZ}^{2}},$$

(4.44)

gdzie *MICH* i *MIZ* są momentami zginającymi w stosunku do osi *X* i *Z w* niebezpiecznym przekroju poprzecznym, określonym na podstawie wykresów momentów zginających, H·ммм.

Równoważny moment obrotowy dla obu przekrojów poprzecznych, znajdujących się w punktach C i D obliczonego wykresu wału napędowego przenośnika gruboziarnistego określa się za pomocą następujących wzorów (4.43) i (4.44):

$$M_{Экв.C} = \sqrt{M_{ИXC}^2 + M_{ИZC}^2 + T_{KYC}^2} = \sqrt{1268{,}79^2 + 5544{,}89^2 + 27800^2} = 28375{,}97\,\text{H} \cdot \text{мм}$$

,

$$M_{Экв.D} = \sqrt{M_{ИXD}^2 + M_{ИZD}^2 + T_{KYD}^2} = \sqrt{54{,}6^2 + 6943{,}16^2 + 13900^2} = 15537{,}71\,\text{H} \cdot \text{мм}$$

.

Obliczenia pokazują, że niebezpieczny przekrój poprzeczny znajduje się w punkcie C wału, gdzie zamontowana jest jedna z kół napędowych przenośnika o współczynniku $Z = 24$, tzn. gdzie na wale wykonany jest wpust do mocowania koła napędowego.

Wały przenoszące elementy napędowe, przez które przenoszony jest ruch podwozia przenośnika, są pochłaniane przez te części ładunku z napięcia korpusu trakcyjnego i dlatego pracują jednocześnie na zginanie i skręcanie.

Normalne naprężenia wewnątrz wału stają się rozciągające lub ściskające w jednym obrocie, a jednocześnie naprężenia styczne powstają w wyniku przenoszenia momentu obrotowego. Są to najbardziej niekorzystne warunki pracy wałów i dlatego ich obliczanie na wytrzymałość w niebezpiecznym przekroju poprzecznym, znajdującym się w punkcie C wału napędowego przenośnika, odbywa się według granicy tolerancji wytrzymałości *[σ-1 i]* oraz momentu równoważnego *MEQ*, określonego przez następujące wyrażenie [47]:

$$d \geq \sqrt[3]{\frac{M_{Экв.C}}{0{,}1[\sigma_{-1и}]}} = \sqrt[3]{\frac{28375{,}97}{0{,}1 \cdot 24}} = 22{,}78\,\text{мм}.$$

Wał przenośnika w części niebezpiecznej, znajdującej się w punkcie C, jest osłabiony w miejscu mocowania koła zębatego przez szczelinę wpustową, dzięki czemu jego średnica jest zwiększona o 7 ... 10%:

$$d = 22{,}78 + (1{,}60...2{,}28) = 24{,}38...25{,}06 \text{ mm}$$

i zaokrąglone do standardowego $d = 25$ mm [29]:

Jednak gniazdo na trzonie koła zębatego napędzanego *Z4* wynosi *d0* = 22 mm. Dlatego, ze względów konstrukcyjnych, do mocowania wału do obudowy przenośnika w punktach *B* i *E należy* zastosować łożysko o średnicy wewnętrznej 25 mm. W tym przypadku odpowiednie jest jednorzędowe łożysko kulkowe skośne z obustronnym uszczelnieniem, nr 180205 [4].

Następnie dla ogranicznika krańcowego pierścienia wewnętrznego tego łożyska, zgodnie z zaleceniami [4, 36], zaleca się przyjąć średnicę wału *d w* miejscu montażu kół napędowych przenośnika z *Z* = 24 co najmniej 30 mm.

Tym samym przeprowadzone obliczenia na wytrzymałość wału napędowego zgarniakowego przenośnika ziarna paszowego roślin zbożowych pozwoliły na określenie jego parametrów konstrukcyjnych.

4.8 Obliczanie połączenia wpustowego wału napędowego wału zgarniaka przenośniki gruboziarniste

Klucz jest przeznaczony do gniecenia i w krytycznych przypadkach sprawdzany pod kątem cięcia. Przydzielamy klucz pryzmatyczny. W przypadku standardowego klucza pryzmatycznego wystarczy sprawdzić stan wyboczenia, ponieważ drugi warunek dla cięcia jest automatycznie spełniony.

Na wał napędowy przenośnika zgrzebłowego gruboziarnistych roślin zbożowych o przyjętej średnicy *d0* = 22 mm wg GOST 23360-78 [30] wybieramy wpust pryzmatyczny o długości *l* = 32 mm, szerokości *b* i wysokości *h* równej odpowiednio 6 mm. Materiał klucza wg GOST 380-2005 [31] - stal St.3sp o granicy plastyczności dla odkształceń resztkowych $_{\sigma T}$ = 255 MPa.

Schemat konstrukcyjny połączenia wpustowego wału napędowego przenośnika zgrzebłowego dla gruboziarnistych zbóż przedstawiono na rysunku 4.4.

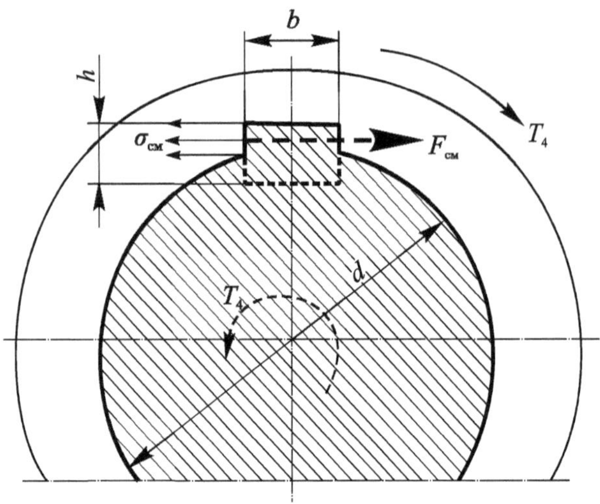

Rysunek 4.4 - Schemat obliczenia połączenia wpustowego wału napędowego przenośnika zgrzebłowego ziarna paszowego roślin zbożowych

Klin pryzmatyczny przenosi moment obrotowy *T4* z piasty na wał i z wału na piastę, współpracując z bocznymi powierzchniami rowków na wale i w piaście. Linie przerywane przedstawiają obciążenia działające na układ klawiszy wału, a linie pełne przedstawiają obciążenia działające na piastę. Moment obrotowy *T4* przyłożony do wału jest równoważony przez moment obrotowy generowany przez siłę *Fcm działającą na piastę do* wpustu.

Aby upewnić się, że klucz nie jest pomarszczony, musi być spełniony następujący warunek [168]:

$$\sigma_{CM} = \frac{F_{CM}}{A_{CM}} \leq [\sigma_{CM}],$$

(4.45)

gdzie $[\sigma_{CM}]$ jest wartością graniczną napięcia, która może wystąpić przy zgięciu klucza;

Fcm to siła zgniatania klucza, numerycznie równa sile obwodowej działającej w przekładni, H;

Asm - powierzchnia klucza wyboczeniowego, m2.

Siła zgniatania klucza, liczbowo równa sile obwodowej *T4* działającej w przekładni, jest określona wyrażeniem [168]:

$$F_{см} = \frac{2T_4}{d_в}.$$

(4.46)

Powierzchnia wyboczeniowa klucza jest określona przez stosunek:

$$Asm = (h - t1) \cdot lp ,$$

(4.47)

gdzie *t1* jest głębokością rowka wpustowego na wale, *t1* = 3,5 mm;

Ip - długość robocza klucza, mm.

Długość robocza klucza z zaokrąglonymi końcówkami jest równa:

$$Irr = l - b ,$$

(4.48)

Przeliczając wzór (4.45) na podstawienie wyrażeń (4.46), (4.47) i (4.48) otrzymujemy:

$$\sigma_{см} = \frac{2T_4}{d_в \cdot l_p \cdot (h - t_1)} \leq [\sigma_{см}]. \quad (4.49)$$

Zastępując w wyrażeniu (4,49) znane i stwierdzone wartości *T4* = = 27,8 MPa, "v = 22 mm, *Ir* = 26 mm, h = 6 mm, $_{t1}$ = 3,5 mm otrzymujemy, że rzeczywiste naprężenie $_{\text{ściskające } \sigma CM}$ po stronie roboczej klucza wynosi 38,88 MPa.

Zaleca się przyjmowanie dopuszczalnych naprężeń w kluczowych przegubach ogólnego układu mechanicznego przy spokojnym obciążeniu wyboczeniowym piasty stalowej $[_{\sigma CM}]$ = 100 ... 150 MPa [167, 168].

Odpowiednio $_{\sigma CM}$ = 38,88 MPa < [σCM]. Wartość rzeczywistego naprężenia na wyboczenie $_{\sigma CM}$ $_{po}$ stronach roboczych klucza jest znacznie niższa niż maksymalne dopuszczalne naprężenie na wyboczenie. Dlatego też spełniony jest warunek, że nie dojdzie do marszczenia się klucza.

4.9 Obliczanie wytrzymałości spoiny dna wanny

Do produkcji ścianek bocznych i dna wanny maszyny MVS-1,0 do oddzielania zanieczyszczeń trujących od ziarna zbóż wybieramy jako materiał blachę ze stali gatunku St.3 o granicy plastyczności dla odkształceń resztkowych $_{\sigma T}$ = 240 MPa i grubości 3 mm.

Połączenie ścian bocznych z dnem wanny odbywa się poprzez nałożenie szwu kątowego za pomocą ręcznego spawania łukiem elektrycznym elektrodami E42 o średnicy 2 mm. Spawane cewniki na szwy zrobią k = 4 mm. Standardowy margines bezpieczeństwa połączenia spawanego konstrukcji wykonanej ze stali węglowej o zwykłej jakości znaku St3 jest przyjęty [S] = 1,5 [169].

Często złącze narożne jest zdeformowane i zniszczone w najmniejszym miejscu przekroju (niebezpiecznego przekroju), jest najsłabsze i przechodzi przez dwusieczną kąta prostego. Dlatego też złącza narożne są obliczane na nacięcie w niebezpiecznym odcinku *t-t,* który pokrywa się z dwusieczną kąta prostego (rysunek 4.5).

Obliczona wysokość niebezpiecznego przekroju poprzecznego zwykłej spoiny (przekrój *t-t*) wynosi:

$$''sh = k \cdot \sin 45 = 0{,}7 \cdot k.$$

(4.50)

gdzie k· jest cewnikiem do spawania, k·= 4 mm.

Stan wytrzymałości na ścinanie szwu spawanego w niebezpiecznym odcinku jednego z boków wanny jest określony przez następujące równanie [169]:

$$\tau_{cp} = \frac{F}{A_{cp}} = \frac{F}{2 \cdot l_{ш} \cdot h_{ш}} \leq [\tau']_{cp},$$

(4.51)

gdzie τc jest obliczonym naprężeniem ścinającym dla spoiny, MPa;

Asr - powierzchnia niebezpiecznego odcinka spoiny, m2;

F - siła działająca w złączu spoiny, H;

Ish - obliczona długość spoiny, Ish = 1,545 m;

"sh - obliczeniowa wartość wysokości spoiny, *"sh* = 2,8·10-3 m;

$[\tau]_{cf}$ - dopuszczalne naprężenie ścinające dla spoiny, MPa.

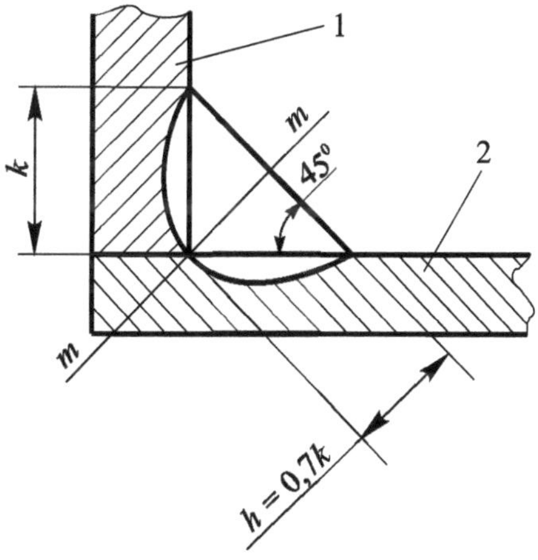

Rysunek 4.5 - Schemat kątowego szwu spawanego boku i dna wanny maszyny MVS-1.0 do ekstrakcji trujących zanieczyszczeń z ziarna zbóż paszowych: 1 - strona wanny; 2 - dno wanny

Pionowe ciśnienie roztworu wodnego soli na zakrzywionym dnie wanny jest równe masie roztworu w objętości wanny [41]:

$$R = \rho p \cdot g \cdot VR, \quad (4.52)$$

gdzie $_{pr}$ jest gęstością wodnego roztworu soli, $_{pr}$ = 1090 kg/m3;

g· - przyspieszenie swobodnego opadania roztworu soli, g·= 9,81 m/s2;

"r - objętość wodnego roztworu soli w wannie, *"r* = 0,189 m3.

Zastępując dane początkowe do równości (4,52) otrzymujemy, że wartość siły *R* = 2020,96 N. Następnie siła *F* = *R/2* = *2020*.96/2 = 1010,48 N będzie działać na szew spawany jednej ze stron wanny.

W wyniku tego obliczone naprężenia ścinające dla danej spoiny będą równe:

$$\tau_{cp} = \frac{1010,48}{2 \cdot 1,545 \cdot 0,7 \cdot 2,8 \cdot 10^{-3}} = 0,117 \text{ МПа}.$$

Dopuszczalną naprężenie ścinające dla spoiny określa się na podstawie granicy plastyczności $_{\sigma T}$ blachy stalowej St.3 dla odkształceń resztkowych i normatywnej rezerwy wytrzymałości [*S*] połączenia spawanego konstrukcji wanny według następującego wzoru [169]:

$$[\tau']_{cp} = \frac{0,6 \cdot \sigma_T}{[S]}.$$

(4.53)

Następnie, zastępując wartości $_{\sigma T}$ = 240 MPa i [*S*] = 1,5 w wyrażeniu (4,53), otrzymujemy, że $[\tau']_{cf}$ = 96 MPa.

W wyniku tego warunek τcp = 0,117 MPa < [τ']cp = 96 MPa jest spełniony. W związku z tym zapewniona zostanie wytrzymałość połączenia spawanego pomiędzy bokami i dnem wanny, nawet podczas pracy w wodnym roztworze soli, który jest aktywnym czynnikiem korozyjnym.

4.10 Wnioski

Do napędu przenośników gruboziarnistych zbóż i sklerozy sporyszu wybrano jednorzędowy łańcuch rolkowy typu PR-12,7-9 o rozstawie 12,7 mm i obciążeniu rozrywającym 9 kN.

Obliczony współczynnik bezpieczeństwa łańcucha przenośnika ziarna paszowego roślin zbożowych wynosi 22,3, czyli 2,2 razy więcej niż minimalna dopuszczalna wartość. Wytrzymałość statyczna łańcucha jest zapewniona podczas pracy przenośnika w aktywnym środowisku agresywnym korozyjnym (wodne roztwory soli nieorganicznych).

Obliczony margines bezpieczeństwa łańcucha przenośnika zgniotu sporyszu wynosi 45,4, czyli 4,5 raza więcej niż minimalna dopuszczalna wartość. Trwałość statyczna łańcucha jest zapewniona podczas pracy przenośnika w środowisku korozyjnym aktywno-agresywnym (wodne roztwory soli nieorganicznych w połączeniu z powietrzem).

Do napędu pochyłych przenośników gruboziarnistych zbóż i sklerozy sporyszu wybrany jest silnik elektryczny o oznaczeniu AIR80 V8, przy którym moc znamionowa wynosi 0,55 kW, a nominalna (asynchroniczna) prędkość obrotowa 750 min-1.

Reduktor ślimakowy 2CH-63-31,5-51-1110-UZ-C o przełożeniu 31 jest akceptowany jako reduktor prędkości obrotowej silnika elektrycznego. Wały wejściowy i wyjściowy tego reduktora są napędzane. Wysokość do osi wału wejściowego przekładni wynosi 82 mm, co jest zgodne z parametrami wysokości do osi wału silnika, równej 80 mm. Maksymalny moment obrotowy na wale wyjściowym przekładni wynosi 138 Н·м przy prędkości obrotowej wału wejściowego 750 min-1. Całkowity moment obrotowy sił działających na wały napędowe przenośników gruboziarnistych i sklerozy sporyszu wynosi 54,53 Н·м, co jest mniejsze od maksymalnego momentu obrotowego na wale wyjściowym przekładni ślimakowej o 2,4 raza. Margines bezpieczeństwa reduktora ślimakowego spełnia wymagania techniczne dla konstrukcji maszyny MVS-1.0 do ekstrakcji zanieczyszczeń trujących z gruboziarnistych zbóż.

Opracowano schemat kinematyczny napędu pochylonych przenośników ziarna paszowego i sklerozy sporyszu maszyny MVS-1.0 do oddzielania zanieczyszczeń trujących od ziarna zbóż. Przyjęto liczbę zębów koła napędowego przekładni łańcuchowej przenośnika ziarna paszowego roślin zbożowych 16, a liczbę zębów koła napędzającego - 38. Liczba zębów koła łańcuchowego napędu koła łańcuchowego przenośnika taśmowego ergot sclerosis została pobrana 14, a liczba zębów niewolnika - 68. Przyjmuje się liczbę zębów kół łańcuchowych przekładni łańcuchowych przenośników gruboziarnistych zbóż i sklerozy sporyszu18.

Obliczenie wytrzymałości wału napędowego przenośnika zgrzebłowego ziarna paszowego roślin zbożowych, pracującego jednocześnie na zginaniu i skręcaniu od naprężeń ciała roboczego, w części niebezpiecznej odbywa się na dopuszczalnej granicy wytrzymałości i równoważnym momencie obrotowym. W miejscu zamontowania koła łańcuchowego podrzędnego, które jest mocowane za pomocą połączenia wpustowego, standardowa wartość średnicy wału wynosi 22 mm, w miejscu zamocowania wału do obudowy przenośnika należy zastosować łożysko o średnicy wewnętrznej 25 mm, a dla ogranicznika końcowego pierścienia wewnętrznego tego łożyska należy przyjąć średnicę wału w miejscu zamontowania kół napędowych przenośnika równą co najmniej 30 mm.

Stalowy wpust pryzmatyczny St.3sp o długości 32 mm, szerokości 6 mm i wysokości 6 mm służy do wpuszczenia na wał napędowy przenośnika zgrzebłowego odpowiednio dla gruboziarnistych ziaren zbóż. Wynikająca z tego wartość rzeczywistego naprężenia wyboczeniowego po roboczych stronach klucza jest znacznie mniejsza niż maksymalne dopuszczalne naprężenie wynikające z wyboczenia klucza. Warunek, że klucz nie jest zgnieciony, jest spełniony.

Do produkcji ścianek bocznych i dna wanny maszyny MVS-1,0 do ekstrakcji trujących zanieczyszczeń z ziarna zbóż paszowych wybrana jest blacha z gatunku stali St.3 o granicy plastyczności dla odkształcenia resztkowego σ_T = 240 MPa i grubości 3 mm. Połączenie ścian bocznych z dnem wanny odbywa się poprzez nałożenie szwu kątowego za pomocą ręcznego spawania elektroerozyjnego elektrodami gatunku E42. Obliczona wartość naprężeń ścinających dla szwu spawanego ściany bocznej i dna wanny jest znacznie mniejsza od wartości dopuszczalnego naprężenia ścinającego. Wytrzymałość połączenia spawanego pomiędzy ścianami bocznymi a dnem wanny zostanie zapewniona nawet przy pracy w wodnym roztworze soli, który jest aktywnym medium korozyjnym.

5 OPRACOWANIE DOKUMENTACJI ROBOCZEJ DLA MASZYNY MVS-1,0 DO EKSTRAKCJI TRUJĄCYCH ZANIECZYSZCZEŃ Z GRUBEGO ZIARNA

5.1 Schemat konstrukcyjny maszyny MVS-1,0 do ekstrakcji trujących zanieczyszczeń z ziarna paszowego

Uzasadnienie schematów konstrukcyjnych i technologicznych, a także przeprowadzone obliczenia technologiczne i konstrukcyjne głównych korpusów roboczych, kinematyka ich napędu z doborem środków energetycznych pozwoliły uzasadnić główne wymiary gabarytowe maszyny do pozyskiwania trujących zanieczyszczeń z ziarna paszowego.

Schemat strukturalny maszyny MVS-1,0 do oddzielania zanieczyszczeń trujących od ziarna paszowego roślin zbożowych przedstawiono na rys. 5.1 [60].

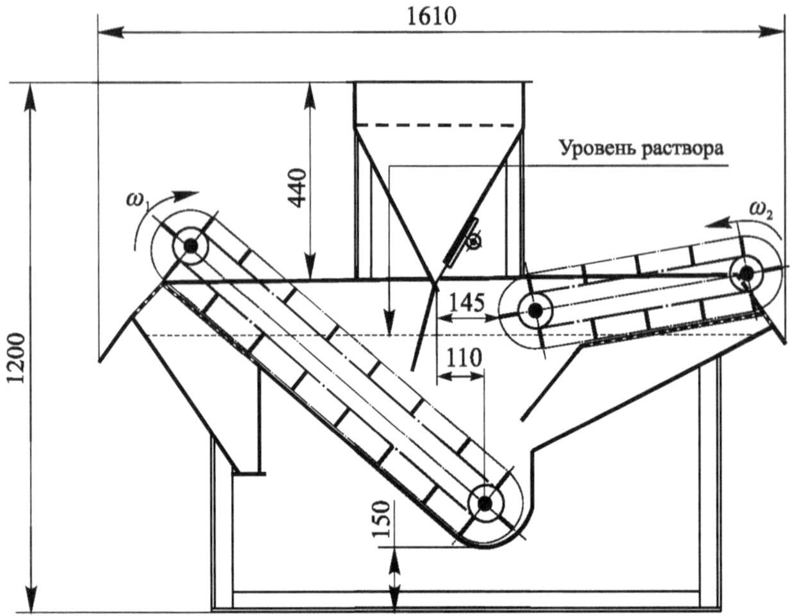

Rysunek 5.1 - Schemat konstrukcyjny maszyny MVS-1,0 do oddzielania zanieczyszczeń trujących od ziarna paszowego zbóż

Maszyna ma niewielkie wymiary ogólne. Szerokość maszyny wynosi 0,970 m, jej długość nie przekracza 1,61 m, a wysokość nie przekracza 1,2 m. Wanna maszyny ma szerokość 0,755 m, głębokość 0,610 m i nie więcej niż 1,3 m długości. Pojemność roztworu w wannie wynosi 1,5 m3.

Zbiornik załadowczy ma wysokość 0,44 m i może być zainstalowany z otworem wylotowym w stosunku do powierzchni roztworu wodnego soli w odległości 40,0 ... 80,0-10-3 m [68, 110, 118, 123, 148].

W dolnej części dna wanny znajduje się otwór z kranem (nie pokazany warunkowo na rysunku) do odsączania wodnego roztworu soli po zakończeniu procesu technologicznego umieszczania urządzenia w magazynie. Dla wygody tego procesu, dno jest podnoszone o 0,15 m w stosunku do powierzchni terenu.

Biorąc pod uwagę schemat konstrukcyjny maszyny MVS-1,0

przedstawiony na rys. 5.1, opracowano dokumentację roboczą tej maszyny do ekstrakcji zanieczyszczeń trujących z ziarna zbóż paszowych. Ogólny widok danej maszyny oraz rysunek montażowy przenośnika gruboziarnistego, jako najtrudniejszej jednostki montażowej, przedstawiono w Załączniku B.

Dokumentacja robocza zawiera schematy technologiczne i kinematyczne, widok ogólny maszyny, rysunki montażowe przenośników zgrzebłowych ziarna paszowego roślin zbożowych i sklerozy sporyszu, wanny, kosza załadowczego, ramy maszyny, a także rysunki głównych części maszyny.

Dokumentacja robocza pozwala w pierwszym etapie rozpocząć produkcję prototypu maszyny MVS-1,0 do oddzielania zanieczyszczeń trujących od ziarna paszowego.

5.2 Charakterystyka techniczna maszyny odciągowej MVS-1.0

gruboziarniste zanieczyszczenia trujące

Maszyna MVS-1,0 jest przeznaczona do operatywnego oddzielania zanieczyszczeń trujących (stwardnienie rozsiane sporyszu) od ziarna roślin rolniczych podczas ich obróbki po zbiorach. Może być stosowany jako środek do dezynfekcji nasion w celu poddania ich działaniu trujących środków chemicznych na mokro przed siewem lub podczas osadzania w celu zniszczenia czynników chorobotwórczych.

Zalecany jest do stosowania w gospodarstwach rolnych, przemyśle młynarskim i elewatorów mącznych oraz produkcji mieszanek paszowych. Może być stosowany we wszystkich strefach klimatycznych Federacji Rosyjskiej.

Główne parametry konstrukcyjne i technologiczne tej maszyny przedstawiono w tabeli 5.1.

Tabela 5.1 - Główne parametry konstrukcyjne i technologiczne maszyny MVS-1,0 do separacji zanieczyszczeń trujących z ziarna zbóż paszowych.

Nazwa wskaźnika	Jednostki miary	Znaczenie
1	2	3
Typ		telefon stacjonarny
Zdolność czyszcząca ziarna żyta ozimego	t/h	1,0
Masa samochodów	kg	350
Zainstalowana moc	kW	0,55
Wymiary (długość × szerokość × wysokość)	mm	2000×970×1200
Cechy elementów roboczych maszyny		
Szerokość wanny	м	0,755
Objętość wanny	л	189
Przenośnik zgrzebłowy dla grubego ziarna: - długość przenośnika - prędkość obrotowa - kąt nachylenia - prędkość skrobaka	 м min-1 To grad. m/sec	 0,900 10,19 40 0,550
Przenośnik zgrzebłowy do sklerozy sporyszu - długość przenośnika - prędkość obrotowa - kąt nachylenia - prędkość skrobaka	 м min-1 To grad. m/sec	 0,550 4,98 8 0,025
Wskaźniki energetyczne		
Silnik AIR80 B8 (napęd przenośnika zgrzebłowego) - pojemność - prędkość asynchroniczna	 kW min-1	 0,550 750

Z opracowanej dokumentacji technicznej oraz głównych parametrów konstrukcyjnych i technologicznych podanych w tabeli 5.1 wynika, że wyprodukowany prototyp maszyny MVS-1.0 będzie charakteryzował się niskim poborem mocy (0,55 kW przy 1,0 t/h), nieskomplikowaną konstrukcją oraz niskim zużyciem metalu (waga maszyny 350 kg), łatwością utrzymania. Maszyna MVS-1.0 zapewni 100% ekstrakcję trujących zanieczyszczeń (stwardnienie sporyszu) z materiału zbożowego przy użyciu wodnych roztworów soli nieorganicznych w jednym procesie technologicznym.

5.3 Wnioski

Opracowano schemat strukturalny i technologiczny maszyny MVS-1.0 do ekstrakcji trujących zanieczyszczeń z roślin zbożowych. Główne wymiary ogólne maszyny są uziemione. Szerokość maszyny wynosi 0,970 m, jej długość nie przekracza 2,0 m, a wysokość nie przekracza 1,2 m. Wanna maszyny ma szerokość 0,755 m, głębokość 0,610 m i nie więcej niż 1,3 m długości. Pojemność roztworu w wannie wynosi 189 l.

Została opracowana dokumentacja projektowa maszyny MVS-1,0. Dokumentacja robocza zawiera schematy technologiczne i kinematyczne, widok ogólny maszyny, rysunki montażowe przenośnika zgrzebłowego i jego ramy, a także rysunki głównych części maszyny. Dokumentacja robocza pozwala w pierwszym etapie rozpocząć produkcję prototypu maszyny MVS-1,0 do ekstrakcji trujących zanieczyszczeń z ziarna zbóż paszowych.

Maszyna MVS-1,0 jest przeznaczona do operatywnego oddzielania zanieczyszczeń trujących (stwardnienie rozsiane sporyszu) od ziarna roślin rolniczych podczas ich obróbki po zbiorach. Może być stosowany jako środek do dezynfekcji nasion w celu poddania ich działaniu trujących środków chemicznych na mokro przed siewem lub podczas osadzania w celu zniszczenia patogenów. Zalecany jest do stosowania w przemyśle rolniczym, mączno-spożywczym i pasz mieszanych. Może być stosowany we wszystkich strefach klimatycznych Federacji Rosyjskiej.

6 BEZPIECZEŃSTWO PRZEMYSŁOWE I ŚRODOWISKOWE

STOSOWANIE MASZYN DO ZATRUĆ

GRUBOZIARNISTE ZANIECZYSZCZENIA

6.1 Wymogi bezpieczeństwa dotyczące konserwacji linii technologicznej w zakresie oddzielania zanieczyszczeń trujących od gruboziarnistych i eksploatacji

z MVS-1.0

Głównymi przyczynami wypadków przy pracy powodujących urazy przy produkcji i wzrost zachorowań na choroby zawodowe pracowników są: eksploatacja wadliwych maszyn i urządzeń, naruszenie procesu technologicznego produkcji, niezadowalająca organizacja pracy, niedociągnięcia w organizacji i prowadzeniu instrukcji bezpieczeństwa pracy, naruszenie porządku i dyscypliny pracy przez pracownika.

Z powyższego wynika, że linia technologiczna do oczyszczania materiału ziarnistego z uwolnieniem trujących zanieczyszczeń z gruboziarnistych ziaren powinna być uruchomiona dopiero po jej przyjęciu przez specjalne zlecenie.

Serwis kruszyw i maszyn opracowanej linii technologicznej jest dozwolony dla osób, które ukończyły osiemnaście lat, przeszły szkolenie z zakresu ochrony pracy oraz zapoznały się z urządzeniem i zasadami obsługi maszyn i urządzeń do czyszczenia ziarna.

Zabroniona jest praca na linii technologicznej w przypadku braku ogrodzeniowych części obrotowych maszyn do czyszczenia ziarna OVS-25 i "Petkus Giant" K-531, maszyn MVS-1,0 do ekstrakcji trujących zanieczyszczeń z ziarna paszowego, kondycjonera ziarna CC-1 i innych mechanizmów.

Różne usterki maszyn do czyszczenia ziarna można wyeliminować, części obrotowe można czyścić, smarować, a mechanizmy tych maszyn można regulować tylko po ich wyłączeniu. Tylko mechanicy linii produkcyjnej mogą uruchamiać wycieraczki i włączać inne urządzenia, eliminować wszelkie usterki i regulować mechanizmy tych maszyn.

Podczas konserwacji kratek wentylacyjnych OVS-25 i Petkus Giant K-531, kratki tych maszyn powinny być czyszczone tylko specjalną szczotką. Regulacja szczotek czyszczących ruszt powinna być wykonywana dopiero po całkowitym zatrzymaniu tych maszyn.

Zabroniona jest praca na silniku powietrzno-powietrznym pierwotnego czyszczenia ziarna "Petkus Giant" K-531, który nie posiada szerszego ogrodzenia. Jednocześnie prace konserwacyjne i naprawcze na tych próbnikach powinny być wykonywane dopiero po ich wyłączeniu i całkowitym wyłączeniu.

Terminowa konserwacja małogabarytowej suszarni na podstawie przyczepy 2PTS-4, niedopuszczalne jest gromadzenie się kurzu, odpadów słomy, resztek ziarna i innych zanieczyszczeń w obszarze roboczym suszarni.

Przy pracy i obsłudze maszyny MVS-1,0 do oddzielania trujących zanieczyszczeń od ziarna paszowego konieczne jest stosowanie przez pracowników specjalnej odzieży i indywidualnych środków ochrony.

W opracowanej linii technologicznej zabroniona jest praca bez uziemienia i zerowania silników elektrycznych maszyn do czyszczenia ziarna i ich pulpitu sterowniczego. Rezystancja wszystkich urządzeń uziemiających maszyn i mechanizmów nie powinna przekraczać 4 Ohm.

Zadaszenie lub pomieszczenie magazynowe, w którym może być umieszczony liniowy ciąg technologiczny oczyszczania materiału ziarnistego z oddzieleniem zanieczyszczeń trujących od ziarna paszowego, powinno być wyposażone w ochronę odgromową. Uszkodzenia sieci energetycznej i oświetleniowej linii technologicznej in-line powinny być naprawiane tylko przez elektryka. Po zakończeniu pracy, wszystkie maszyny i mechanizmy linii produkcyjnej muszą być odłączone od zasilania.

Przed rozpoczęciem pracy na maszynie MVS-1,0 należy usunąć z ziarna paszowego trujące zanieczyszczenia:

- w razie potrzeby włączyć lokalne oświetlenie linii technologicznej;

- sprawdzić sprzęt gaśniczy i dostęp do niego;

- sprawdzenie niezawodności podłączenia przewodu zerowego silnika elektrycznego maszyny, obecność ogrodzeń napędu przenośników ziarna paszowego i sklerozy sporyszu, poziom i gęstość wodnego roztworu soli w wannie maszyny.

Podczas pracy na maszynie MVS-1,0 konieczne jest usuwanie trujących zanieczyszczeń z ziarna paszowego:

- stale kontrolować sprawność serwisową obracających się części maszyn, nie pracować z usuniętymi lub uszkodzonymi płotami napędowymi przenośników ziarna paszowego i stwardnieniem sporyszu, nie dotykać ruchomych mechanizmów i obracających się części maszyn, jak również części czynnych urządzeń;

- Utrzymuj swoje miejsce pracy w czystości i porządku, unikaj zaśmiecania go czystym ziarnem paszowym, odpadami i innymi śmieciami;

- należy uważać, aby nie rozpraszać uwagi innych pracowników rozmowami z zewnątrz lub nie rozpraszać ich zapytaniami.

Pod koniec pracy na maszynie MVS-1,0 konieczne jest wydobycie trujących zanieczyszczeń z grubego ziarna:

- Zebrać i zabrać śmieci i odpady z miejsca pracy w określone miejsce, oczyścić maszynę z brudu i kurzu, wlać wodny roztwór soli z wanny i spłukać wodą;

- Sprawdzić poprawność napędu przenośników pod kątem zgrubnego ziarna i stwardnienia sporyszu; oczyścić kraty zamontowane pod przenośnikami pod kątem zgrubnego ziarna i stwardnienia sporyszu;

- Zdejmij kombinezon i inne środki ochrony osobistej i umieść je w wyznaczonym miejscu do przechowywania.

Dla bezpiecznej pracy linii technologicznej do oczyszczania materiału ziarnistego z oddzieleniem zanieczyszczeń trujących od ziarna paszowego i zaspokojenia potrzeb produkcyjnych niezbędny jest zbiornik przeciwpożarowy.

6.2 Obliczanie zbiornika przeciwpożarowego dla linii technologicznej obróbki

materiał ziarnisty z uwolnieniem trujących zanieczyszczeń z gruboziarnistych ziaren

Jednym z wymogów bezpiecznej eksploatacji opracowanej linii technologicznej do oczyszczania materiału ziarnistego z wydzielaniem trujących zanieczyszczeń z ziarna paszowego jest utrzymanie ochrony przeciwpożarowej, której jednym z elementów jest zasilanie w wodę pitną.

Linia technologiczna do oczyszczania grubych ziaren z trujących zanieczyszczeń powstałych podczas tej pracy jest łatwa w montażu i może być umieszczona pod wiatą lub w pomieszczeniu magazynowym. W zależności od obszaru lokalizacji tej linii produkcyjnej, specyficzne zużycie wody do *gaszenia* pożaru może wynosić $g = 15$ l/s.

Następnie za pomocą wzoru oblicza się zużycie wody do gaszenia pożarów zewnętrznych i wewnętrznych opracowanej linii technologicznej:

$$QL = 3{,}6 \cdot g \cdot TA \cdot {}_{PP,} \qquad (6.1)$$

gdzie *g* jest specyficznym strumieniem wody do gaszenia pożarów wewnętrznych i zewnętrznych, l/s;

TP - czas pożaru, *TP* = 3 godziny;

PP - liczba jednoczesnych pożarów, *PP* = 1.

W wyniku przeprowadzonych obliczeń dotyczących ekspresji (6.1) zużycie wody *QL* na zewnętrzny i wewnętrzny ogień opracowanej linii technologicznej wyniesie 162 m3/h.

Rezerwa wody nietkniętej "L stawu ogniowego dla opracowanej linii technologicznej z uwzględnieniem wydatków na różne potrzeby produkcyjne jest określona formułą:

$$WL = "L + "T + "X",$$

(6.2)

gdzie *QT* to zużycie wody do celów technologicznych, przyjmujemy *QT* = 15 m3;

QX - zużycie wody na potrzeby gospodarstwa domowego, przyjmujemy *QX* = 6 m3.

Następnie przez wyrażenie (6.2) rezerwy wody w stanie nienaruszonym "L" zbiornika przeciwpożarowego dla opracowanej linii technologicznej wynosić będą 180 $^{m3.}$

W wyniku obliczeń przyjmujemy standardowy zbiornik przeciwpożarowy o objętości wody w nim "L = 200 ^{m3}". Mając na uwadze bezpieczeństwo przeciwpożarowe posiadamy staw w odległości 20 m od opracowanej linii technologicznej.

W przypadku ewentualnego pożaru przed przyjazdem straży pożarnej przez obsługę linii technologicznej zasilanie w wodę odbywa się za pomocą motopompy MP-800A, która może być również wykorzystana do zużycia wody w celach technologicznych i ekonomicznych.

6.3 Znaczenie kwestii zapewnienia bezpieczeństwa środowiska naturalnego podczas obsługi MBS-1.0

Priorytetowym zadaniem stojącym przed kompleksem rolno-przemysłowym naszego kraju jest jak najpełniejsze zadowolenie ludności z ekologicznie czystej żywności, a hodowla zwierząt - z wysokiej jakości paszy. Rozwiązanie tego najważniejszego zadania zależy od rozwoju wszystkich gałęzi gospodarki narodowej kraju w oparciu o kompleksowe i racjonalne wykorzystanie naturalnych magazynów, ochronę i zabezpieczenie środowiska przed barbarzyńskim wykorzystaniem jego zasobów przez człowieka.

W związku z powstawaniem dużych ośrodków przemysłowych, rozwój wyposażenia technicznego fabryk, zakładów i innych przedsiębiorstw zwiększa zanieczyszczenie powietrza atmosferycznego i zasobów wodnych różnymi odpadami działalności człowieka, zmiany struktury gleb na skutek nieracjonalnego wydobycia i wyrębu, a także niewłaściwego oczyszczania.

Aby w pełni zaopatrzyć ludność kraju w żywność, liczba produktów rolnych musi stale rosnąć. Znaczący wzrost plonów różnych upraw rolnych jest możliwy dzięki zwiększeniu żyzności gleby, którą obecnie zapewnia stosowanie nawozów mineralnych i preparatów chemicznych wspomagających wzrost roślin oraz zwalczanie szkodników, chorób i chwastów.

Jednak stosowanie w produkcji rolnej nieracjonalnych ilości nawozów mineralnych, różnych środków chemicznych wraz z wynikającym z nich efektem produkcyjnym prowadzi do wyników ujemnych. W związku z tym produkty rolne mogą zawierać powyżej maksymalnych dopuszczalnych norm azotany, które mają szkodliwy wpływ na zdrowie ludzi.

Alternatywą dla stosowania różnych nawozów mineralnych i chemikaliów może być biologiczny system rolnictwa, który zakłada eliminację stosowania łatwo rozpuszczalnych nawozów mineralnych, stosowanie nawozów organicznych pochodzenia zwierzęcego, powodujących pobudzenie aktywności biologicznej gleby, a także wiązanie azotu atmosferycznego przez bakterie truskawkowe roślin strączkowych stosowanych jako sidery.

Jednocześnie nie wystarczą bogate i dobre zbiory, co nie oznacza, że magazyny będą elitarne i pierwszorzędne pod względem jakości nasion, ekologicznego chleba na stole, a zwierzęta hodowlane w gospodarstwach otrzymają wysokiej jakości pełnowartościową paszę. Zbierane rośliny muszą być jeszcze zebrane w wymaganych warunkach agrotechnicznych, oczyszczone z chwastów i szkodliwych, w tym trujących zanieczyszczeń, oraz przechowywane w paszy.

Dlatego też zadaniem tej pracy jest opracowanie technologii obróbki pozbiorczej ziarna z uwolnieniem trujących zanieczyszczeń (stwardnienie sporyszu) z ziarna paszowego przeznaczonego na paszę dla zwierząt hodowlanych. Najbardziej negatywnymi czynnikami podczas procesu technologicznego oczyszczania ziarna są hałas, kurz i odpady. Całkowite wyeliminowanie tych negatywnych czynników z produkcji nie jest możliwe, ale zmniejszenie ich szkodliwego wpływu na ludzi i środowisko jest możliwe dzięki zastosowaniu pewnych maszyn i technologicznych schematów przetwarzania.

Inżynier w każdym przedsiębiorstwie jest organizatorem wprowadzenia do produkcji różnych mechanizmów, jednostek i maszyn, które w pewnym stopniu wpływają i szkodzą środowisku. Dlatego przy opracowywaniu i wyborze tych mechanizmów, agregatów i maszyn należy zwrócić uwagę na zmniejszenie ich wpływu na ludzi i środowisko.

W danej pracy przy oczyszczaniu ziarna paszowego przeznaczonego na paszę dla zwierząt hodowlanych opracowano przepływowy ciąg technologiczny, w którym przewidziano zastosowanie maszyny do rozdziału trujących zanieczyszczeń z MVS-1,0 ziarna paszowego. Maszyna ta składa się z wanny z wodnym roztworem soli oraz mechanizmów odprowadzania oczyszczonego ziarna i odpadów.

Wyjście ziarna paszowego i trujących zanieczyszczeń (stwardnienie sporyszu) z wanny z wodnym roztworem soli z maszyny MVS-1.0 odbywa się za pomocą niskoobrotowych przenośników deskowych. Zastosowanie tego typu przenośników zapewnia znaczny spadek poziomu hałasu w pobliżu maszyny podczas jej pracy.

Zgodnie z opracowaną technologią pozbiorowej obróbki gruboziarnistych ziaren, wydobyte odpady (nasiona różnych chwastów i stwardnienie rozchodowe sporyszu) z maszyny MVS-1.0 trafiają do specjalnego zbiornika magazynowego, skąd przenośnik ślimakowy podawany jest do skrzyni ładunkowej pojazdu, która jest zabierana do lemiesza, składowanego w stosach kompostu z obornikiem. Po wykiełkowaniu nasion chwastów i utracie trujących właściwości stwardnienia sporyszu, uzyskuje się z nich dobre nawożenie organiczne.

Na życzenie przedsiębiorstw farmaceutycznych przydzielone zanieczyszczenie trujące (stwardnienie rozsiane) może być wykorzystane do przygotowania leków.

Po zakończeniu sezonowej pracy z maszyną, wodny roztwór soli może być również stosowany w glebie jako cenny nawóz mineralny.

6.4 Wnioski

Przy pracy z maszyną MVS-1,0 i konserwacji linii technologicznej do oddzielania zanieczyszczeń trujących od ziarna paszowego należy przestrzegać wymogów bezpieczeństwa pracy. Zabrania się pracy na linii technologicznej w przypadku braku ogrodzenia części wirujących maszyn do czyszczenia ziarna, usuwania różnych usterek, czyszczenia, smarowania zespołów wirujących i regulacji mechanizmów tych maszyn podczas wykonywania ich procesu technologicznego. Podczas pracy i obsługi maszyny MVS-1,0 w celu odizolowania trujących zanieczyszczeń od ziarna paszowego pracownicy powinni używać specjalnej odzieży i indywidualnych środków ochrony.

W celu zapewnienia bezpiecznej pracy linii technologicznej do oczyszczania materiału zbożowego z wydzieleniem zanieczyszczeń trujących z ziarna zbóż paszowych i zaspokojenia potrzeb produkcyjnych, przewidziano standardowy zbiornik przeciwpożarowy z pojemnością wody w nim "L = 200 ^{m3}". Ze względu na bezpieczeństwo przeciwpożarowe staw powinien być usytuowany w odległości 20 m od rozwiniętej linii technologicznej. W przypadku ewentualnego pożaru przed przyjazdem straży pożarnej przez obsługę wodociągu technologicznego, zaopatrzenie w wodę musi być realizowane za pomocą motopompy MP-800A, która może być również wykorzystywana do zużycia wody w celach technologicznych i ekonomicznych.

Pilnym problemem związanym z zapewnieniem bezpieczeństwa środowiskowego podczas pracy maszyny MVS-1,0 jest konieczność wycofania z wanny wodnym roztworem soli z ziarna paszowego oraz trującymi zanieczyszczeniami (twardziną ergotoniczną) wolnoobrotowej deski przenośnika, zapewniającej znaczne obniżenie poziomu hałasu w pobliżu maszyny podczas jej pracy. Z odpadów wyjętych z wanny maszyny uzyskuje się dobry nawóz organiczny poprzez perepravlenie w składowanych hałdach kompostu z nasionami chwastów obornikowych i stwardnieniem sporyszu, które tracą właściwości kiełkowania i trujące. Wybrane zanieczyszczenia trujące (stwardnienie sporyszu) mogą być wykorzystane do przygotowania leków. Po zakończeniu przez maszynę sezonowego procesu pracy, wodny roztwór soli może być stosowany w glebie jako cenny nawóz mineralny.

7 PERSPEKTYWY KOMERCJALIZACJI WYNIKU STWORZENIA MASZYNY DO WYDOBYWANIA TRUJĄCYCH ZANIECZYSZCZEŃ COARSE GRAIN

Dla celów analizy perspektyw komercjalizacji wyniku utworzenia maszyny MVS-1,0 do oddzielania zanieczyszczeń trujących od ziarna zbóż paszowych przeprowadzono analizę kosztów produkcji i ceny sprzedaży w porównaniu z pneumatycznymi stołami do sortowania PSS-1, SP-0,5 i SSP-1,5, przeznaczonymi do oddzielania zanieczyszczeń trudnych do oddzielenia od ziarna i mającymi porównywalne wskaźniki techniczne. Wykres kosztów i cen opracowanej maszyny MVS-1,0 oraz konkurujących z nią powietrznych stołów sortujących PSS-1, SP-0,5 i SSP-1,5 przedstawiono na rysunku 7.1.

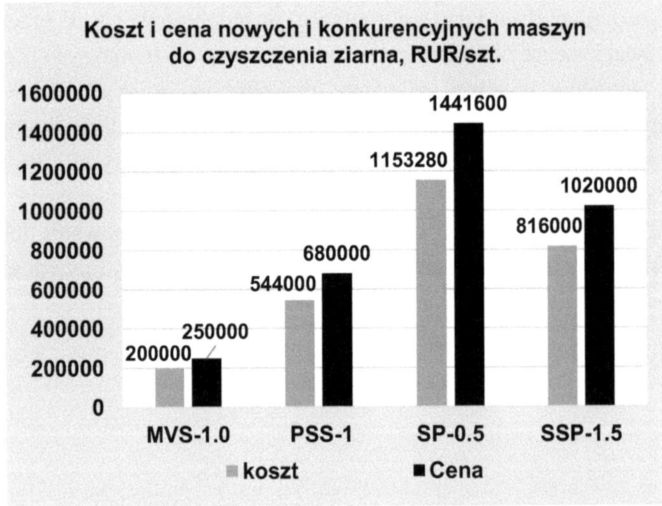

Rysunek 7.1 - Wykres kosztów i cen przygotowywanej maszyny MVS-1.0 do oddzielania zanieczyszczeń trujących od gruboziarnistych zbóż i konkurencyjnych pneumatycznych stołów do sortowania PSS-1, SP-0.5 i SSP-1.5.

Cena nowej maszyny MVS-1,0 jest określana przez samego dewelopera na podstawie realnego oszacowania jej kosztu przy produkcji w warunkach zakładu naprawczego silników Diesla w Malmyzh OJSC (Malmyzh, obwód kirowski, Rosja). Cena maszyny bazowej PSS-1 jest akceptowana zgodnie z informacją operatywną o dalekosiężnej komunikacji telefonicznej z działem sprzedaży JSC "Czyszczenie ziarna". (Voronezh). Cena pneumatycznych stołów sortujących SP-0,5 i SSP-1,5 ustalana jest w stosunku do ceny podstawowej maszyny PSS-1 na podstawie proporcjonalności mas. Koszt maszyn jest akceptowany niższy od ceny sprzedaży maszyny o 20%, co zazwyczaj jest zyskiem (cena = koszt + zysk).

Ze schematu wynika, że koszty produkcji i cena sprzedaży nowej maszyny MVS-1.0 są 2,72...5,77 razy niższe od analogów PSS-1, SP-0.5 i SSP-1.5. Wynika to z prostoty konstrukcji maszyny MVS-1.0. W związku z tym dla zainteresowanych organizacji rolniczych cena maszyny MVS-1.0 będzie atrakcyjna, co zwiększy jej możliwości sprzedaży.

W celu zbadania zapotrzebowania na wielkość sprzedaży maszyny MVS-1.0 konieczna jest analiza wielkości zbiorów zbóż w Federacji Rosyjskiej w ostatnich latach. Wykres dynamiki wzrostu plonów zbóż brutto w Rosji w 2010 roku...2017 r. przedstawiono na rysunku 7,2 [165].

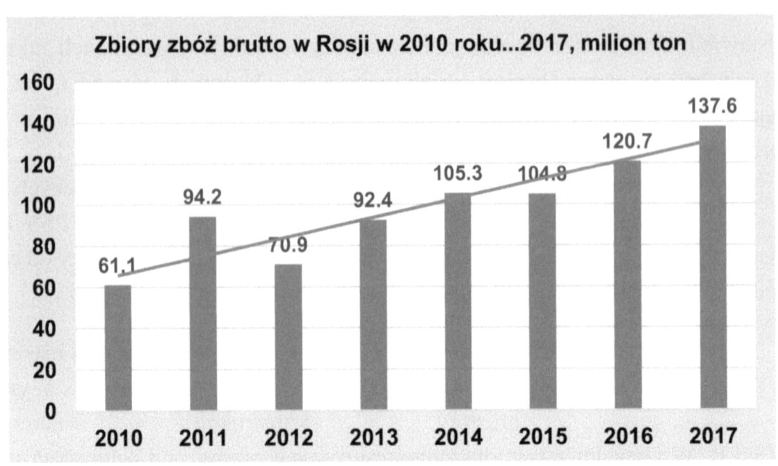

Wykres 7.2 - Dynamika wzrostu zbiorów zbóż brutto w Rosji w 2010 r....2017 r.

Na rysunku 7.2. widać, że od 2010 r. w kraju obserwuje się tendencję wzrostową plonów zbóż brutto. W 2006 r. zebrano 61,1 mln ton zboża, a w 2017 r. 137,6 mln ton, co stanowi wzrost o 76,5 mln ton, czyli 2,25 razy więcej. Zbiory zbóż w 2017 roku były rekordowe w stosunku do lat poprzednich i wyniosły 16,9 mln ton więcej niż w roku ubiegłym.

W związku z tym, dzięki zastosowaniu nowych, oszczędzających zasoby technologii uprawy zbóż, zmniejszeniu strat ziarna podczas zbioru i przetwarzania po zbiorze, zastosowaniu najnowszych wysokowydajnych urządzeń, następuje wzrost plonów i roczny wzrost plonów brutto zbóż w kraju.

Wzrost rocznych zbiorów zbóż brutto jest również odpowiedzialny za wzrost produkcji maszyn rolniczych w kraju. Na rysunku 7.3 przedstawiono zatem wykres dynamiki rynku maszyn rolniczych w Federacji Rosyjskiej w 2010 roku...2017 [166].

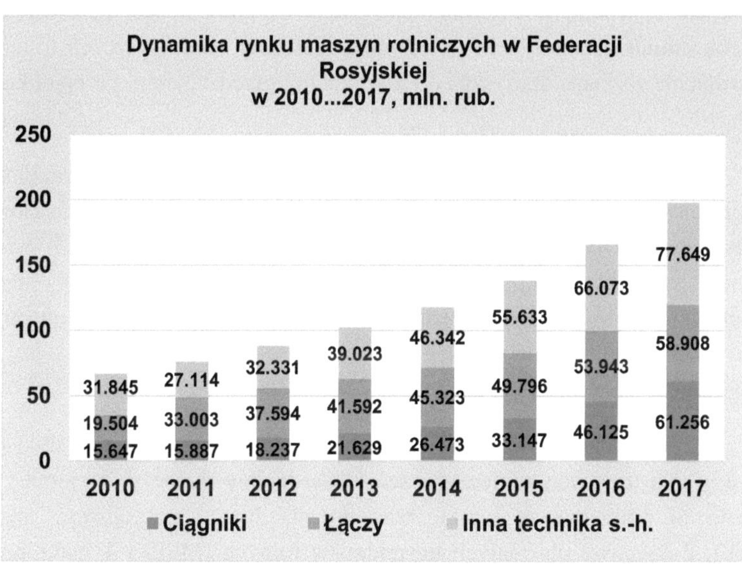

Wykres 7.3 - Dynamika rynku maszyn rolniczych w Federacji Rosyjskiej w 2010 roku...2017.

Z tego wykresu wynika, że wzrost plonu brutto ziarna powoduje wzrost sprzedaży ciągników, kombajnów i innych maszyn rolniczych potrzebnych do zbioru i przetwarzania zebranych plonów w niezbędnym zakresie agrotechnicznym.

Dlatego z analizy dynamiki wzrostu plonów zbóż brutto i dynamiki rynku maszyn rolniczych w Federacji Rosyjskiej wynika, że zagadnienia związane z komercjalizacją wyniku stworzenia maszyny MVS-1,0 do oddzielania zanieczyszczeń trujących od upraw zbóż mają swoje perspektywy.

W tym celu przeprowadzono analizę liczby organizacji rolniczych w Rosji, na podstawie której prognozowano potrzebę produkcji maszyn MVS-1.0 do oddzielania zanieczyszczeń trujących (stwardnienie rozsiane sporyszu) od ziarna zbóż.

Wykres liczby gospodarstw chłopskich (Gospodarstwa rolne), małych przedsiębiorstw rolnych (MŚP), dużych przedsiębiorstw rolnych (ONW) produkujących ziarno w Federacji Rosyjskiej na 2017 r. oraz przewidywaną potrzebę produkcji maszyn MVS-1.0 do oddzielania zanieczyszczeń trujących (stwardnienie rozsiane sporyszu) od ziarna zbóż przedstawiono na rysunku 7.4 [166].

Według oficjalnych statystyk za 2017 r., łączna liczba przedsiębiorstw rolniczych w Rosji, produkujących zboże, wynosi 36,3 tys., z czego 15, 2 tys. to przedsiębiorstwa duże, 17,0 tys. to przedsiębiorstwa małe, a 4,1 tys. to gospodarstwa chłopskie. Według wstępnych danych spisowych, średnia powierzchnia gruntów przypadająca na jedną dużą organizację rolniczą wynosiła ponad 12,0 tys. ha, na jedno małe gospodarstwo rolne mniej niż 6,0 tys. ha, a na jedno gospodarstwo chłopskie mniej niż 2,0 tys. ha.

Na podstawie tych danych, w celu obliczenia liczby maszyn MVS-1.0 do pozyskiwania trujących zanieczyszczeń (stwardnienie roztoczy) z ziarna zbóż, przyjęto, że potrzebne są 3 takie maszyny dla dużych gospodarstw rolnych (ONW), 2 maszyny dla małych gospodarstw rolnych (MŚP) i 1 maszyna dla gospodarstw chłopskich (ONW).

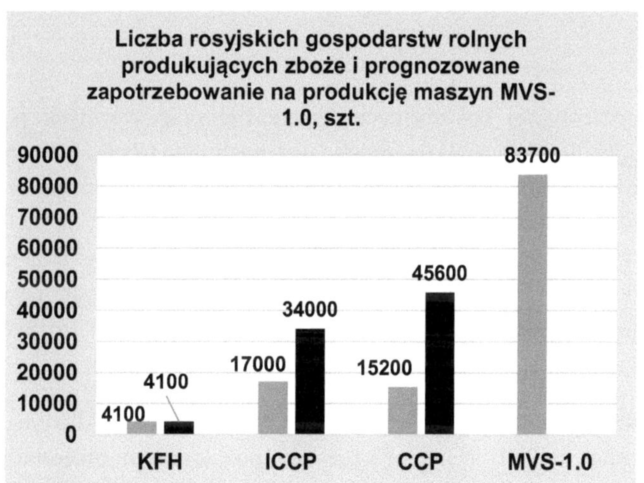

Wykres 7.4 - Wykres ilościowy w Federacji Rosyjskiej w 2017 r. gospodarstw chłopskich (CFA), małych przedsiębiorstw rolnych (MŚP), dużych przedsiębiorstw rolnych (ONW) produkujących zboże i przewidywane zapotrzebowanie na produkcję maszyn MVS-1.0 do oddzielania trujących zanieczyszczeń (stwardnienie rozsiane) od ziarna zbóż.

Wówczas prognozowana potrzeba produkcji maszyn MVS-1.0 do oddzielania zanieczyszczeń trujących (stwardnienie sporyszu) od ziarna zbóż wyniesie 83,7 tys. sztuk. Ponadto, maszyna MVS-1.0 może być używana jako środek do dezynfekcji ziarna przed siewem lub podczas przechowywania i jest poszukiwana przez organizacje zajmujące się mieleniem mąki i pasz, co znacznie zwiększa szanse na komercjalizację wyników maszyny do usuwania sklerozy sporyszu z ziarna w procesie pozbiorczym. Efekt ekonomiczny ze sprzedaży 83,7 tys. maszyn MVS-1.0 może wynieść ponad 17 mld rubli.

8 KONSUMENTÓW PROPONOWANEJ MASZYNY DO ODDZIELANIA TRUJĄCYCH ZANIECZYSZCZEŃ OD ZIARNA ZBÓŻ

Z opracowanej dokumentacji technicznej oraz głównych parametrów konstrukcyjnych i technologicznych podanych w tabeli 6.1 wynika, że wyprodukowana prototypowa maszyna będzie miała niski pobór mocy (0,55 kW przy 1,0 t/h), nieskomplikowaną konstrukcję oraz niskie zużycie metalu (waga maszyny 350 kg), łatwą konserwację. Urządzenie zapewni, w jednym procesie technologicznym, 100% oddzielenie zanieczyszczeń trujących (stwardnienie sporyszu) od materiału ziarnistego za pomocą wodnych roztworów soli nieorganicznych.

Perspektywy zastosowania maszyny MVS-1,0 są różne. Maszyna może być wykorzystana w linii technologicznej do pozbiorczego przerobu materiału zbożowego przedsiębiorstw rolnych w celu uzyskania wysokiej jakości ziarna zbóż spożywczych i nasion elitarnych (rysunek 8.1).

Rysunek 8.1 - Ogólny widok kompleksu czyszczenia i suszenia ziarna w KZS

Maszyna MBC-1,0 może być zainstalowana za urządzeniem do wstępnego czyszczenia ziarna. W tym przypadku oczyszczone ziarno z zanieczyszczeń, w tym stwardnienia sporyszu, zostanie przesłane do suszarni ziarna. Potrzeba dodatkowego suszenia ziarna po zniknięciu maszyny MVS-1,0 znika. W celu uzyskania elitarnego materiału siewnego, maszyna MVS-1.0 jest instalowana po maszynach do wtórnego oczyszczania ziarna. Nadmiar wilgoci z powierzchni materiału siewnego jest w tym przypadku usuwany za pomocą specjalnego urządzenia do odsysania wilgoci, przy użyciu podgrzanego powietrza.

Innym obszarem zastosowania maszyny MVS-1.0 jest możliwość wykorzystania jej w linii technologicznej przygotowania pasz dla kompleksów hodowlanych zwierząt i mieszanek paszowych w celu uzyskania produktów oczyszczonych z trujących zanieczyszczeń (rysunek 8.2).

Rysunek 8.2 - Ogólny widok linii przygotowania pasz z gruboziarnistych.

Ekstrakcja trujących zanieczyszczeń (stwardnienie sporyszu) z grubych ziaren jest przeprowadzana przez maszynę MVS-1.0 przed kondycjonowaniem lub mieszaniem z innymi składnikami paszy i mikroelementami witaminowymi.

Jednym z produktów zdrowej żywności jest słód, który może być stosowany jako dodatek do żywności, do wyrobu zakwasu, napojów odżywczych, do wyrobu chleba. Poza tym, słód może być stosowany w kosmetologii. Dlatego też maszyna MVS-1.0 może być wykorzystana w linii technologicznej do produkcji czystego ekologicznie słodu, na przykład z ziarna żyta ozimego (rysunek 8.3).

Technologia przygotowania słodu polega na oczyszczaniu ziarna z zanieczyszczeń, głównie przy użyciu wody lub wodnych roztworów soli. Połamane i połamane ziarna muszą zostać usunięte, ponieważ są one nadmiernym balastem i mogą spowodować zanieczyszczenie słodu szkodliwymi mikroorganizmami. Następnym etapem jest namoczenie ziarna, następnie kiełkowanie w temperaturze 12 ... ^{150C} przez 5 ... 6 dni z codziennym nawilżaniem wodą.

Rysunek 8.3 - Ogólny widok słodowni z ziarna żyta

Następnie ziarno jest rozmrażane w temperaturze 40 ... ^{450C}. Celem tego procesu jest dalsze gromadzenie się aminokwasów i cukrów w ziarnie, co decyduje o specyficznym smaku, zapachu i barwie czerwonego słodu żytniego podczas suszenia. Fermentacja lub żyłkowanie ziarna trwa około czterech dni. Sfermentowane ziarno jest następnie suszone i mielone na mąkę.

Maszyna MVS-1.0 może być również stosowana w linii technologicznej mokrej zaprawy nasiennej przed siewem lub podczas deponowania nasion w celu zniszczenia patogenów (rysunek 8.4).

Cechą charakterystyczną zaprawiania nasion na mokro jest to, że materiał ziarnisty jest nasączany roztworem lub zawiesiną preparatu. Metoda ta zapewnia głębsze i pełniejsze przenikanie trucizny do nasion i pełniejsze ich odkażanie od infekcji. Nie ma w tym procesie żadnego zanieczyszczenia powietrza. Zaletą tej metody jest wysoka skuteczność biologiczna w walce z wieloma chorobami, leczenie całej powierzchni nasion i aktywacja ich kiełkowania.

Po takiej obróbce nasiona muszą zostać wysuszone. W tym procesie nasiona są spryskiwane cienką warstwą na przeciągu (nie na słońcu) w celu wysuszenia i okresowo ponownie spryskiwane.

Rysunek 8.4 - Ogólny widok linii zaprawy nasiennej

Ponadto, wyizolowane trujące zanieczyszczenia (stwardnienie rozsiane) mogą być poszukiwane przez firmy farmaceutyczne do przygotowania leków.

Wynika z tego, że konsumentami proponowanej maszyny do oddzielania zanieczyszczeń trujących (stwardnienie roztoczy) od ziarna są wszystkie przedsiębiorstwa rolne (rolnicy) produkujące produkty roślinne (uprawa zbóż i roślin strączkowych oraz produkcja nasion traw). Oferowany produkt może być również poszukiwany przez przedsiębiorstwa hodowlane w liniach przetwórstwa pasz, młynarstwie mąki i przedsiębiorstwach spożywczych w podmiotach Federacji Rosyjskiej i za granicą.

PODSUMOWANIE

1. Na podstawie przeglądu literatury naukowej i technicznej ustalono, że właściwości fizyczne i mechaniczne stwardnienia sporyszu mają zbliżone wartości do właściwości żyta, jęczmienia, owsa i ziarna pszenicy, dlatego tradycyjne metody oczyszczania za pomocą maszyn pneumatycznych i trójkątnych, stołów do sortowania powietrznego, fotoseparatorów i innych urządzeń nie dają dobrych wyników oddzielania sporyszu od ziarna roślin uprawnych. Jedną z właściwości, o których wartości sporysz różni się od nasion głównych upraw zbożowych, jest masa właściwa (gęstość masy), co pozwala na zastosowanie roztworów soli jako separatora ziarna i sporyszu.

2. Schemat konstrukcyjno-technologiczny maszyny do rozdziału sklerozy sporyszu z ziarna paszowego żyta ozimego na masę właściwą (gęstość masy) metodą mokrą, składający się z wanny, przenośników ziarna paszowego i sklerozy sporyszu z ustalonymi w równych odstępach na ich długości poprzecznymi listwami, jest opracowany bunkier z podajnikiem, którego ściana jest zanurzona w roztworze soli i oddziela jamę wanny z przenośnikiem ziarna paszowego od przenośnika sklerozy sporyszu, zbiornika na odpady, połączonego z wanną, kratek, umieszczonych pod prętami dolnej gałęzi przenośnika ziarna paszowego i sklerozy sporyszu oraz desek podziałowych, których początkowe części są wykonane w postaci kratek, komunikujących się przez swoje otwory z wanną. Maszyna może być również wyposażona w urządzenie do usuwania wilgoci umieszczone na wylocie oczyszczonego ziarna z wanny z roztworem.

3. Wykonano obliczenia technologiczne i konstrukcyjne pozwalające na stworzenie dokumentacji roboczej do wykonania prototypu maszyny MVS-1,0 do ekstrakcji zanieczyszczeń trujących (stwardnienie sporyszu) z ziarna paszowego żyta ozimego.

4. Linia technologiczna do oczyszczania ziarna paszowego z zanieczyszczeń trujących oferowana jest przy wykorzystaniu opracowanej maszyny MVS-1,0. Charakteryzuje się łatwością montażu, niewielkimi rozmiarami linii oraz możliwością jej umieszczenia pod wiatą lub w magazynie.

5. Rozważane są kwestie bezpieczeństwa przemysłowego i ekologicznego stosowania maszyny MVS-1,0 w linii technologicznej do separacji zanieczyszczeń trujących z ziarna zbóż paszowych. Bezpieczeństwo przemysłowe i ekologiczne użytkowania maszyny MVS-1.0 jest zapewnione

przez przestrzeganie szeregu środków bezpieczeństwa pracy przez personel serwisowy.

6. Konsumentami proponowanej maszyny do oddzielania zanieczyszczeń trujących (stwardnienie roztoczy) od ziarna są wszystkie przedsiębiorstwa rolne (pracodawcy rolni) produkujące produkty uprawy roślin (uprawa zbóż i roślin strączkowych oraz produkcja nasion traw). Oferowany produkt może być również poszukiwany przez przedsiębiorstwa hodowlane w liniach przetwórstwa pasz, młynarstwie mąki i przedsiębiorstwach spożywczych w podmiotach Federacji Rosyjskiej i za granicą. Prognozowane zapotrzebowanie na produkcję maszyn MVS-1.0 do oddzielania trujących zanieczyszczeń (stwardnienie rozsiane sporyszu) od ziarna zbóż dla gospodarstw rolnych zajmujących się uprawą zbóż i ich przetwórstwem pozbiorczym wyniesie 83,7 tys. sztuk.

Perspektywą dalszego rozwoju tematu jest stworzenie prototypu maszyny do wyciągu sklerozy sporyszu z ziarna paszowego żyta ozimego MVS-1,0 o wydajności 1000 kg / h oraz badanie procesu technologicznego w warunkach laboratoryjnych i przemysłowych.

WYKAZ ODNIESIEŃ I SKRÓTÓW

MVS - maszyna do usuwania sklerozy sporyszu;

L1 i *L2* - długość przenośnika ziarna zbóż i sklerozy sporyszu, m;

bsk1 i *bsk2* - szerokość zgarniaka przenośnika ziarna zbóż i sklerozy sporyszu, m;

B - szerokość maszyny do kąpieli, m;

hsk1 i *hsk2* - wysokość zgarniaka przenośnika ziarna zbóż i sklerozy sporyszu, m;

υ_1 i υ_2 - prędkość zgarniaczy przenośnika ziarna paszowego i sklerozy sporyszu, m/s;

tsk1 tsk2 - skrobak transportera ziarna zbóż i sklerozy sporyszu, m;

β1 i β2 - kąt nachylenia transportera ziarna zbóż i sklerozy sporyszu, gradu..;

$\rho_в$ - gęstość wodnego roztworu soli, kg/m3;

$\rho_з$ - masa objętościowa przewożonego ładunku (nasiona żyta), kg/m3;

Qrz1 i *Qrs2* - obliczeniowa wydajność skośnego przenośnika zgrzebłowego ziarna zbóż i sklerozy sporyszu, kg/h;

A - Powierzchnia Scraper, m2;

$\psi_з$ i ψ_c - czynnik uwzględniający pełnię zgarniacza przenośnikowego z ziarnami zbóż i stwardnieniem sporyszu;

Ñβ1 i *Ñβ2* - czynnik, który bierze pod uwagę kąt nachylenia transportera ziarna zbóż i sklerozy sporyszu;

Ψ_B - czynnik uwzględniający wypełnienie zgarniaka transportowego wodnym roztworem soli;

g - przyspieszenie swobodnego opadania ziaren żyta, *g* = 9,81 m/s2;

q - liniowa gęstość ładunku (ziarna żyta i roztwór soli), kg/m;

Sts - gęstość liniowa korpusu holowniczego, kg/m;

ξ_1 i ξ_2 - współczynnik oporu ruchu ziaren zbóż i sklerozy sporyszu przez zgarniaki przenośnikowe;

$\xi_ц$ - współczynnik oporu na ruch organów trakcyjnych;

Qrv1 i *Qrv2* - wydajność skośnego przenośnika zgrzebłowego ziarna zbóż i sklerozy sporyszu przy przemieszczaniu wodnego roztworu soli, kg/h;

Wx1 i *Wx2* - opór ruchu gałęzi ślepej organu trakcyjnego pochylonego przenośnika ziarna zbóż i sklerozy sporyszu, H;

Wp1 - opór przemieszczania się ładunku (ziarna żyta i roztwór soli) oraz organu trakcyjnego (łańcucha) na pochyłej powierzchni roboczej, H;

Wp2 - opór ruchu ładunku (skleroza sporyszu i roztworu soli) oraz organ trakcyjny (łańcuch) na stoku roboczym, H;

Ft1 i *Ft2* - obliczony wysiłek trakcyjny (siła obwodowa) na gwiazdę wiodącą transportera ziarna zbóż i stwardnienie rozchodnikowe sporyszu, H;

ξ_0 jest współczynnikiem oporu w kołach łańcuchowych napinających i przechylających, który uwzględnia łańcuchowe łożyska przegubowe i straty łożyskowe;

n - liczba sekcji nachylonej taśmy przenośnika;

m to liczba kół łańcuchowych w innej niż napędowa gałęzi przenośnika przechylnego;

Fmin1 i *Fmin2* - minimalne napięcie łańcucha przenośnika ziarna zbóż i sklerozy sporyszu od stanu stabilności zgarniaka, H;

tz jest krokiem łańcuchowym, m;

θ - Dopuszczalny kąt odchylenia zgarniaków, grad..;

Fsb1 i *Fsb2* - siła w uciekającej gałęzi organu trakcyjnego transportera ziarna zbóż i sklerozy sporyszu, H;

Fnb1 i *Fnb2* - siła w gałęzi najazdowej organu trakcyjnego transportera ziarna zbóż i stwardnienia roztoczy, H;

[n] - współczynnik bezpieczeństwa;

Fr1 i *Fr2* - obliczona siła niszcząca w łańcuchu transportera ziarna zbóż i sklerozy sporyszu, H;

Fd1 i *Fd2* - dynamiczne obciążenie w łańcuchu przenośników ziarna zbóż i sklerozy sporyszu, H;

m1 i *m2* - masa przewożonego ładunku i organ trakcyjny transportera ziarna zbóż i stwardnienia roztoczy, kg;

$\omega_{зв1}$ i $\omega_{зв2}$ - prędkość kątowa gwiazdki wiodącej transportera ziarna zbóż i sklerozy sporyszu, p-1;

Dzv1 i *Dzv2* - średnica podziałowa koła napędowego taśmy przenośnika ziarna zbóż i sklerozy sporyszu, mm;

z - akceptowana liczba zębów kół zębatych, szt;

$\eta_{м}$ - współczynnik sprawności mechanizmu napędowego;

$\eta_{зв}$ - wydajność napędowa gwiazdki;

Nel - znamionowa moc silnika elektrycznego, kW;

Nel nom - moc znamionowa silnika elektrycznego, kW;

pel - prędkość znamionowa silnika elektrycznego, min-1

Lp - obliczona długość pasa o przekroju poprzecznym pasa klinowego, m;d

i1 - przełożenie z silnika na skrzynię biegów;

i2 - przełożenie skrzyni biegów;

i3 - Przełożenie od koła napędowego wału przekładni do koła łańcuchowego przekładni łańcuchowej przenośnika ziarna;

i4 - Przełożenie od koła napędowego wałka zębatego do koła łańcuchowego przekładni łańcuchowej przenośnika z tarczą ruchomą;

Tzv - moment sił działających na wał gwiazdki wiodącej przenośnika nachylonego ziarna zbóż i nachylonego przenośnika sklerozy. rynków, H·м;

$"ud$ - dopuszczalny ciężar właściwy ziarna, kg/(c·м)";

In - szerokość kanału odprowadzania wilgoci, m;

Qv - natężenie przepływu powietrza w strefie wejścia do przewodu odprowadzającego wilgoć z oczyszczonego ziarna w przypadku sklerozy sporyszu, m3/s;

h - głębokość kanału odprowadzającego wodę w obszarze ujęcia oczyszczonego ziarna w przypadku stwardnienia sporyszu, m;

$h2$ - głębokość górnej części kanału wilgotnościowego, m;

$\upsilon_{вит.}$ - Grain Vitch Rate m/s;

$H1$ - wysokość górnej części kanału odprowadzającego wilgoć, m;

$H2$ - wysokość dolnej części kanału odprowadzającego wilgoć, m.

P_υ - Obliczona wartość całkowitego ciśnienia powietrza wytworzonego przez wentylator o średnicy przeciwprądowej w kanale wylotowym, Pa;

η - współczynnik sprawności wentylatora o średnicy przeciwprądowej;

Nv - wartość mocy pobieranej przez wentylator o średnicy przeciwprądowej, kW.

kz to stosunek zapasów;

η_{per} jest współczynnikiem wydajności transmisji;

η_n - współczynnik strat mocy silnika elektrycznego w łożyskach4

pel - prędkość obrotowa wału silnika, min-1;

pv - prędkość obrotowa wirnika wentylatora o średnicy przeciwprądowej, min-1;

ik - Przełożenie przekładni pasów klinowych;

yel - stosunek prędkości obrotowej wału silnika do prędkości obrotowej wirnika wentylatora o średnicy przeciwprądowej;

Dv - średnica napędu koła pasowego wentylatora, m;

Del - średnica koła pasowego na wale silnika, m.

WYKAZ LITERATURY

1. Aleksandrow M.P. Podnoszenie i transport maszyn: podręcznik dla szkół wyższych. - Moskwa: Wydawnictwo Moskiewskiego Państwowego Uniwersytetu Technicznego Baumana - Szkoła Wyższa, 2000. - – 552c.

2. A.V. Aljoszkin, A.V. Metody modelowania matematycznego procesów rozdziału i rozdrabniania materiałów wegetatywnych w celu zwiększenia efektywności funkcjonowania środków technicznych w zakresie przetwórstwa zbóż pozbiorowych i przygotowania pasz: dis. ... Doktor nauk: 05.20.01 / Aleksiej Władimirowicz Aljoszkin. - Aleksey Vladimirovich Alyoshkin. Kirov, 2001. - – 658 c.

3. Andreev V.L. Zwiększenie wydajności czyszczenia nasion roślin zbożowych w warunkach regionu Euro-North-East poprzez rozwój i doskonalenie technologii i maszyn pneumatycznych: tarcze. ...Doktor nauk: 05.20.01 / Andriejew Wasilij Leonidowicz. - Kirov, 2005. - – 474 c.

4. Podręcznik Anur'ev V.I. dla konstruktorów maszyn. W 3 t. - 6. edycja, przerwy i uzupełnienia. - M.: Inżynieria, 1982. - T. 2. - 584 p.

5. A.S. 120387 ŚLUB, MKI 43E/12. Maszyna do oddzielania sporyszu od nasion żyta / Tryndin I.A. - № 600596/30; zgłoszona. 21.05.1958; publikacja w "Biuletynie wynalazków", 1959. - – № 11. - – 2 c.

6. A.S. 120067 USSR, MKI 45E/19. Urządzenie do czyszczenia ziarna na mokro z zanieczyszczeń według ciężaru właściwego / A.L. Malchenko, M.P. Chistyakov - [1] 608984/28; zgłoszony. 07.10.1958; opublikowany w "Biuletynie wynalazków", 1959. - – № 10. - – 5 c.

7. A.S. 206459 USSR, MKI V03V 5/62, V03V 11/00. Klasyfikator hydrauliczny do materiałów ziarnistych (w języku rosyjskim) / Zhuchenko, V.A.; Mustafin, H.S. - Nr 1114863-22-3; zgłoszony. 22.11.1966; publikacja 08.12.1967, Bul. № 1. - – 3 c.

8. Afanasova M.A. Sheshegova, T.K.; Kedrova, L.I. Claviceps purpurea (ks.) Tul. Na życie ozimym (informacja przeglądowa) // Nauki rolnicze Euro-

North-East. - – 2002. - – № 3. - – C.67-70.

9. Babchenko V.D. Korn A.M., Matveev A.S. Wysokowydajne maszyny do czyszczenia ziarna. - M.: VNIITEISKH, 1982. - – C. 18-22.

10. Bug S.F. Nemkovich A.I. Wpływ etchantów na kiełkowanie sklerozy sporyszu Claviceps purpurea (Fr.) Tul. (w języku rosyjskim) // Prokurator Akademii Nauk Agrarnych Republiki Białorusi. - – 1997. - – № 4. - – C. 56-58.

11. Burkov, A.I.; Glushkov, A.L.; Saitov, V.E. Maszyna do pneumofrakcji technologii przetwarzania zwałowisk zboża (w języku rosyjskim) // Mechanizacja i elektryfikacja rolnictwa. - – 2008. - – № 11. - – C. 3-6.

12. Burkov A.I. Rozwój i doskonalenie systemów pneumatycznych maszyn do czyszczenia ziarna. - Kirow: FSBNU "NIISKH Severo-Vostok", 2016. - – 380 c.

13. Vainson A.A. Maszyny do podnoszenia i transportu: podręcznik dla szkół wyższych o specjalności "Podnoszenie i transport, budownictwo, maszyny i urządzenia drogowe". - 4th ed., pererabot. i dop. - M.: Mashinostroenie, 1989. - – 536 c.

14. Voyskova A.I., Gurskaya O.A., Zubov A.E., Balatsky M.Yu. Technologia przetwarzania i wykorzystania ziarna z uwzględnieniem jakości: zalecenia metodologiczne . - Stavropol: ARGUS, 2010. - – 64 c.

15. Galkin V.D., Koshurnikov A.F., Khavyev A.A., Khandrikov V.A., Grubov K.A. Vibropnevmoseparatory i ich zastosowanie w liniach czyszczenia nasion: podręcznik szkoleniowy. - 2nd ed., transkrypt i dodatkowe. - Pozwolenie: IPC "Prokrost", 2014. - – 102 c.

16. Galkin V.D. Zwiększenie efektywności funkcjonowania kompleksów suszenia nasion-składników pokarmowych poprzez udoskonalenie technologii i środków technicznych oddzielania mieszanek zbożowych przed i po suszeniu (na przykładzie regionów o podwyższonej wilgotności zwałowiska zbóż): Autoref. ... Doktor nauk: 05.20.01 / Wasilij Galkin. - SPb.-Puszkin, 2004. - – 40 c.

17. Gehtman A.A. V.V. Antyukhin. MPO-50 maszyna do wstępnego czyszczenia ziarna // Ciągniki i maszyny rolnicze. - – 1983. - – №5. - – C. 24-25.

18. Gehtman A.A. Pankratov, N.K.; Pravdivtseva, M.F. Semiaocleaning machine MBO-20 (w języku rosyjskim) // Mechanizacja i elektryfikacja

rolnictwa. - – 1990. - – № 11. - – C. 36-37.

19. Hitman L.S. Materiały o różnej podatności ziaren na sporysz (przegląd) // Stopień badań i praktyczne zastosowanie odporności różnych roślin uprawnych na główne choroby i szkodniki: Proc. of III All-Union conf. o odporności na szkodniki i choroby. - – 1960. – Okay. 8. - – C. 33-38.

20. Hitman L.S. Uwaga, ergot. // Ochrona roślin. - – 1967. - – № 7. - – C. 73.

21. Maszyny Gladkov N.G. do czyszczenia ziarna. Konstrukcje, obliczenia, projektowanie i eksploatacja w. - Wydanie 2, interpretacja i uzupełnienie. - M.: Mashgiz, 1961. - – 368 c.

22. Gortinsky V.V. Demskiy A.B., Boriskin M.A. Procesy separacji w zakładach przetwórstwa zbożowego. - Moskwa: Kolos, 1980. - – 304 c.

23. GOŚĆ P 52325-2005. Nasiona roślin rolniczych. Właściwości odmianowe i siewne. Ogólne specyfikacje techniczne. - Wprowadzone od 01.01.2006 r. - Moskwa: Standartinform, 2005. - – 39 c.

24. GOŚĆ P 53049-2008. Żyto. Warunki techniczne. - Wprowadzenie. od 17.12.2008 r. - Moskwa: Standartinform, 2010. - – 26 c.

25. GOŚĆ 13568-98 (ISO 606-94). Napęd łańcuchów rolkowych i tulei. Ogólne specyfikacje techniczne. - W zamian za GOST 13568-75; Wprowadzenie. 01.07.2000. - Moskwa: IPK Izd w standardzie, 2000. - – 27 c.

26. GOŚĆ STR. 51689-2000. Elektryczne maszyny wirujące. Silniki asynchroniczne o mocy od 0,12 do 400 kW włącznie. Ogólne specyfikacje techniczne. - Wejście 22.12.2000. - Moskwa: PKK Izd w standardzie, 2000. - – C. 15.

27. GOŚĆ 1294.2-89 (IZO-1081-95). Pasy klinowe napędzają pasy klinowe o normalnym przekroju. Specyfikacje techniczne. - Wprowadzenie. 01.01.91. - Moskwa: Wydawnictwo PKI Standards, 1991. - – C. 18.

28. GOST 20889-88. Koła pasowe do pasów klinowych o normalnym przekroju poprzecznym. Ogólne specyfikacje techniczne. - M.: PKK Izd w normie, 1988. - – C. 18.

29. GOST 6636-69. Podstawowe normy wymienialności. Normalne rozmiary liniowe. - Wprowadzenie. 01.01.70. - Moskwa: PKK Izd w standardzie, 2004. - – C. 7.

30. GOŚĆ 23360-78 (STACJA SAV 189-79). Podstawowe normy

wymienialności. Połączenia na klucz z kołkami pryzmatycznymi. - Wprowadzenie. 01.01.89. - Moskwa: Wydawnictwo Standard, 1993. - – C. 19.

31. GOST 380-2005. Zwykła jakość stali węglowej. Znaki. - W zamian za GOST 380-94. - Moskwa: Standartinform, 2009. - – 12 c.

32. Dabkiavichyus Z.V. Sporynia trawy zbożowe i środki do zwalczania infekcji nasion kostrzewy łąkowej na Litwie: Dis. ...Cand. nauki rolnicze: 06.01.11 / Dąbawicz Zenonas Vladislavovich. - Samokhvalovichi, obwód miński, 1985. - – 18 c.

33. Drincha V.M. Yampilov, S.S. Kierunki produkcji konkurencyjnych urządzeń do oczyszczania ziarna i nasion (w języku rosyjskim) // Technika i urządzenia dla wsi. - – 1999. - – № 3-4. - – C. 10-12.

34. Drincha V.M. Drincha, V.M.; Borisenko, I.B. Zastosowanie i funkcjonalność pneumatyczno-sortowniczych stołów (w języku rosyjskim) // Czasopismo naukowo-agronomiczne. - – 2008. - – № 2 (83). - – C.33-36.

35. Ermol'ev, Yu.I. Perspektywiczne technologie i środki techniczne do czyszczenia ziarna (w języku rosyjskim) // Mechanizacja i elektryfikacja rolnictwa. - – 2002. - – № 6. - – C. 28-29.

36. Zhukov V.A. Szczegóły dotyczące maszyn i podstaw projektowania. Podstawy obliczeń i projektowania połączeń i przekładni: Podręcznik. - 2nd ed. - Moskwa: INFRA-M, 2015. - – 416 c.

37. Zulina A.N. Cziżkow, A.G. Perspektywy mechanizacji przetwarzania i przechowywania ziarna i nasion po zbiorach (w języku rosyjskim) // Mechanizacja i elektryfikacja rolnictwa. - – 2002. - № 6. - – C. 10-14.

38. Kadyrow A.M. , Kadyrova, M.V. O możliwości wyboru jęczmienia jarego na odporność na uderzenia sporyszu (S. Purpurea) // Nowoczesne zasady i metody selekcji jęczmienia: zbiór dzieł literatury międzynarodowej. Konferencja naukowo - praktyczna. -Krasnodar, 2007. - – C. 118-123.

39. Kazakov E.D. Szkodliwe zanieczyszczenia w ziarnie (trujące i kwarantanna). - Moskwa: Zagotizdat, 1962. - – 125 c.

40. Karpov B.A. Technologia przetwarzania i przechowywania ziarna po zbiorach. - Moskwa: VO Agroproizdat, 1987. - – 288 c.

41. Kiselev P.G. Hydraulika. Podstawy mechaniki płynów: Podręcznik dla szkół wyższych. - Moskwa: Energia, 1980. - – 360 c.

42. Kozhukhovsky I.E. Pavlovskiy G.T. Mechanizacja czyszczenia i suszenia ziarna. - Moskwa: Kolos, 1968. - – 312 c.

43. Komaristov, V.E. Maszyny do czyszczenia ziarna przedsiębiorstwa "Petkus" (w języku rosyjskim) // Mechanizacja i elektryfikacja rolnictwa. - – 1991. - – № 2. - – C. 60-62.

44. Kosilov N.I. Zalecenia dotyczące poprawy technologii i środków technicznych wstępnego oczyszczania ziarna w gospodarstwach RSFSR. - Moskwa: Gosagroprom, 1988. - – 41 c.

45. Kremnev, A.N. Działalność SSCB "Czyszczenie ziarna" // Mechanizacja i elektryfikacja rolnictwa. - – 2002. - – № 6. - – C. 31-32.

46. Kurbanov R.F. Opracowanie i uzasadnienie podstawowych parametrów pneumatycznego separatora bezwładnościowego zwałowiska ziarna: dis. Cand. of Sciences: 05.20.01 / Kurbanov Rustam Fayzulkhakovich. - Kirow, 1995. - – 193 c.

47. Lantsevich M.A. Obliczanie wałów i osi przenośników na wytrzymałość. Metodyczne instrukcje wykonywania prac osiedleńczych i graficznych w dyscyplinie "Szczegóły maszyn i podstawy projektowania". - Nowosybirsk: STI MSUDT (oddział), 2011. - – 11 c.

48. Malis A.Y. Maszyny Demidov A.R. do czyszczenia ziarna za pomocą przepływu powietrza. - Moskwa: Mashgiz, 1962. - – 176 c.

49. Machichina L.I. Czyszczenie ziarna ryżu. - Moskwa: Kolos, 1981. - – 127 c.

50. Maszyny do hodowli, badania odmian i pierwotnej produkcji materiału siewnego roślin polowych: kat. - Moskwa: FSNU "Rosinformagrotech", 2009. - – 224 c.

51. Myasniankin, K.V. Wpływ fotoseparatora na jakość nasion gryki (w języku rosyjskim) // Innowacyjne technologie i środki techniczne dla kompleksu rolno-przemysłowego: materiały międzynarodowej konferencji naukowej młodych naukowców i specjalistów. - Voronezh: FGBOU VPO Voronezh GAU, 2014. CZĘŚĆ III. - – C. 54-60.

52. A.I. Nelyubov. Vetrov, E.F. Systemy pneumoseparacji maszyn rolniczych. - Moskwa: Mashinostroenie, 1977. - 192 c.

53. Nemkovich A.I. Biologiczne uzasadnienie ochrony żyta ozimego przed sporyszem: Autoref. ...Cand. nauki biologiczne: 06.01.11 /Nemkowicz Andriej Iwanowicz. - Priluki, 1999. - – 21 c.

54. Nemkovich, A.I. Konsekwencje zakażenia żyta sporyszu zimowego // Ochrona roślin i kwarantanna. - – 2005. - – № 5. - – C. 42-43.

55. Novozhilov I.L. , Przenośniki zgrzebłowe Samorodova V.N.: Szkolenie i podręcznik metodyczny do projektowania kursów. - Barnaul, 2009. - – 25 c.

56. Pavlova V.V. Zarodniki ziarna - wynik złego zarządzania (po rosyjsku) // Agro XXI. - – 2000. - – № 7. - – C. 4-5.

57. G.T. Pavlovsky. , S.D. Ptitsyn Czyszczenie, suszenie i aktywna wentylacja ziarna. - 2nd ed., poprawne i dodatkowe. - Moskwa: Szkoła Wyższa, 1972. - – 256 c.

58. Patent 2053026 RF, MKI B03B 5/62. Instalacja do rozdzielania materiałów sypkich, takich jak nasiona zbóż i innych upraw rolnych na frakcje / Dubrovin V.P., Maiko V.P., Tsapovich V.A.; zgłaszający i właściciel patentu Dubrovin V.P., Maiko V.P., Tsapovich V.A. - nr 5000289/03; zgłoszony. 12.08.1991; publikacja 27.01.1996, Bul. № 20 . - – 11 c.

59. Patent 2616037 Federacja Rosyjska, IPC B03B 5/48, B02B 1/04. Maszyna do oddzielania sporyszu od nasion żyta / Sysuev V.A., Saitov V.E., Savinykh P.A., Saitov A.V.; wnioskodawca - Instytucja naukowa budżetu federalnego "N.V. Rudnitskiy Zonal Research Institute of Agriculture of the North-East". - Nr 2015148311; wnioskodawca. 10.11.2015; op. cit. 12.04.2017, Bul. 11. - – 8 c.

60. Pat. 2667066 Federacja Rosyjska, IPC B03B 5/48, B02B 1/04. Maszyna do oddzielania sporyszu od nasion żyta / Sysuev, V.A.; Saitov, V.E.; Gataullin, R.G.; Saitov, A.V.; Utkina, E.I.; Sheshegova, T.K.; wnioskodawca, Federalny Państwowy Budżetowy Instytut Naukowy "N.V. Rudnitskiy Federalne Agrarne Centrum Naukowe Północno-Wschodnie". - Nr 2017115170/03; wnioskodawca: Federalny Państwowy Budżetowy Instytut Naukowy "N.V. Rudnitsky Federalne Agrarne Centrum Naukowe Północno-Wschodnie". 27.04.2017; op. cit. 18.09.2018, Biuletyn nr 26. - – 9 c.

61. Peresypkin V.F. Choroby roślin zbożowych przy intensywnych technologiach ich uprawy. - Moskwa: Agropromizdat, 1991. - – 271 c.

62. Potserov A.V. Pogoda i zbiory z wykorzystaniem kombajnów zbożowych. - L.: Hydrometeoizdat, 1962. - – 68 c.

63. Raport z badań nr 14-96-2011 (4070242) tabeli sortowania powietrza MVS-10. - FSU "Central Black Earth State Zonal Machine Testing Station", 2011. - – 6 c.

64. Protokół badania nr 14-101-2009 (4070072) fotoseparatora laboratoryjnego FL-100. - FSU "Central Black Earth State Zonal Machine Testing Station", 2009. - – 6 c.

65. Instrukcja obsługi fotosamplera F5.1. - Voronezh: Voronezhselmash, OJSC, 2010. - – 38 c.

66. Rukshan LV Sporinya. - Mińsk: Centrum Wydawnicze BSU, 2003. - – 216 c.

67. Ryzhov, S.V. Nowe maszyny rolnicze przedsiębiorstw Kirowa (w języku rosyjskim) // Technika i sprzęt dla wsi. - – 2006. - – № 6. - – C. 18-21.

68. Saitov, A.V. Definicja parametrów płyty szczytowej urządzenia wejściowego mieszanki ziarna (w języku rosyjskim) // Międzynarodowy dziennik badawczy. - – 2015. - Nr 6 (37) Część 1. - – C. 68-71.

69. Saitov, A.W. Funkcjonowanie specyfiki fotoseparatorów do oczyszczania ziarna i nasion z zanieczyszczeń (po rosyjsku) // Metody i technologie selekcji i uprawy roślin: monografia (po rosyjsku) / Pod redakcją generalną W.A. Sysueva, G.A. Batalova, E.M. Lisitsyn. - Kirow: NIISKh North-East, 2016. - – C. 352-355.

70. Saitov, A.V. Konieczność stworzenia maszyny do oddzielania sporyszu od ziarna roślin zbożowych (w języku rosyjskim) // Rozwój gałęzi kompleksu rolno-przemysłowego na podstawie zwiększenia efektywności wykorzystania potencjału zasobów. Materiały międzynarodowej konferencji naukowo-praktycznej: Kolekcja artykułów naukowych - Kirow: FSBEI Vyatka GSHA, 2017. C. 382-386.

71. Saitov V.E. Zwiększenie efektywności pracy maszyn do czyszczenia ziarna poprzez ulepszenie głównych korpusów roboczych i systemów

pneumatycznych z separacją frakcji: tarcze. ...Doktor nauk: 05.20.01 / Czajtow Wiktor Efimowicz. - Cheboksary, 2014. - – 519 c.

72. Saitov V.E. Zwiększenie wydajności pracy maszyn do oczyszczania ziarna poprzez ulepszenie głównych korpusów roboczych i systemów pneumatycznych z separacją frakcji: Autoref. ... Doktor nauk: 05.20.01 / Saitow Wiktor Efimowicz. - Cheboksary, 2014. - – 40 c.

73. Saitov V.E. Maszyny do pozbiorczego przetwarzania ziarna w gospodarstwach rolnych i chłopskich: materiał kontrolny i analityczny. - Kirov: CNTI, 1995. - – 22c.

74. Saitov, V.E.; Gataullin, R.G. Maszyna lotniczo-kolejowa (po rosyjsku) // Mechanik wiejski. - 2000. - № 2. - C. 48-49.

75. Saitov, W.E. Matematyczne modelowanie separacji odpadów przez przepływ powietrza przy czyszczeniu ziarna (w języku rosyjskim) // Ciągniki i maszyny rolnicze. - – 2007. - – № 5. - – C. 39-41.

76. Saitov, V.E. Perfekcja maszyny do wstępnej obróbki ziarna (w języku rosyjskim) // Ciągniki i maszyny rolnicze. - – 2007 – № 4. - – C. 17-20.

77. Saitov, V.E. Perfekcja działu odbiorczego jednostki oczyszczania ziarna (w języku rosyjskim) // Ciągniki i maszyny rolnicze. - – 2007 – № 12. - – C. 10, 14.

78. Saitov, W.E.; Navrozov, W.V.; Gataullin, R.G. Uzasadnienie procesu pracy wentylatora o średnicy przeciwprądowej (w języku rosyjskim) // Mechanizacja i elektryfikacja rolnictwa. - – 2007. - – № 12. - – C. 14-16.

79. Saitov, V.E. Uzasadnienie parametrów pneumatycznego kanału oddzielającego zamkniętego systemu pneumatycznego maszyny czyszczącej nasiona (w języku rosyjskim) / Gospodarka zbożowa. - – 2007. - – № 7. - – C. 30-31.

80. Saitov, V.E.; Gataullin, R.G. Analiza procesu pracy wentylatora średnicowego z klinowym kanałem ssącym (w języku rosyjskim) // Postęp naukowo-techniczny w produkcji rolnej: materiały z międzynarodowej konferencji naukowo-praktycznej w 2 tomach. - Mińsk, 2007. - – T. 1. - – C. 174-179.

81. Saitov, W.E.; Tyuchkalov, L.V.; Gataullin, R.G. Testy produkcyjne systemu pneumatycznego maszyny do czyszczenia nasion SVM-7 (w języku rosyjskim) // Opracowanie i wdrożenie technologii i środków technicznych dla kompleksu rolno-przemysłowego północno-wschodniego regionu Federacji Rosyjskiej: materiały Międzynarodowej Konferencji Naukowo-Praktycznej - Kirow: NIISKh North-East, 2007. - – C. 171-177.

82. Saitov, V.E.; Gataullin, R.G. Optymalizacja parametrów kanału pneumoseparacyjnego dla maszyny do czyszczenia ziarna (w języku rosyjskim) // Ciągniki i maszyny rolnicze. - – 2008. - – № 5. - – C. 38-40.

83. Saitov, V.E. Redukcja zapylenia powietrza przy przetwarzaniu i przechowywaniu zbóż (w języku rosyjskim) // Przechowywanie i przetwarzanie surowców rolnych. - – 2007. - – № 11. - – C. 15-18.

84. Saitov, W.E. Matematyczna symulacja ruchu cząstek w dyfuzorze wyciągowym wentylatora średnicowego (w języku rosyjskim) // Technika w rolnictwie. - – 2008. - – № 2. - – C. 11-13.

85. Saitov, V.E. Uzasadnienie parametrów trybu pracy urządzenia ożywczego separatorów pneumatycznych / Grain economy. - – 2008. - – № 1-2. - – C. 59-60.

86. Saitov, V.E. Uniwersalna maszyna do wstępnej obróbki ziarna IGO-50P // Produkcja pasz. - – 2009. - – № 4. - – C. 21-23.

87. Saitov, V.E.; Gataullin, R.G. Kwestie ekologiczne w zakładach przetwórstwa zbożowego (w języku rosyjskim) // Składowanie i przetwarzanie surowców rolnych. - – 2009. – № 6. - – C. 75-78.

88. Saitov, V.E.; Farafonov, V.G. Modelowanie separacji materiałów zbożowych w pochyłym pneumatycznym kanale rozdzielającym (w języku rosyjskim) // Mechanizacja i elektryfikacja rolnictwa. - – 2010. - – № 6. - – C. 3-5.

89. Saitov, V.E.; Farafonov, V.G. Budowa i parametry technologiczne skalpera (w języku rosyjskim) // Ciągniki i maszyny rolnicze. - – 2010. – № 10. - – C. 47-48.

90. Saitov, V.E.; Suvorov, A.N. Dystrybucja składników materiału zbożowego na rusztie likwidatora pneumatycznego (w języku rosyjskim) // Ciągniki i maszyny rolnicze. - – 2011. - – № 1. - – C. 31-33.

91. Saitov, W.E.; Farafonov, W.G.; Sinyakov, S.V. Badanie procesu czyszczenia kraty cylindrycznej przy ekstrakcji małych domieszek (w języku rosyjskim) // Technika w rolnictwie. - – 2011. - – № 1. - – C. 3-6.

92. Saitov, V.E.; Farafonov, V.G.; Grigoriev, D.V. Definicja parametrów krzywoliniowego kanału transportu pneumatycznego dla małego separatora pneumatycznego (w języku rosyjskim) // Mechanizacja i elektryfikacja rolnictwa. - – 2011. - – № 4. - – C. 9-11.

93. Saitov, W.E.; Farafonov, W.G.; Suvorov, A.N. Zastosowanie metody statystycznej do frakcjonowania odpadów lekkich w komorze osadowej (w języku rosyjskim) // Ciągniki i maszyny rolnicze. - – 2011. - – № 6 . - – C. 30-33.

94. Saitov, V.E.; Gataullin, R.G. Mała maszyna do wstępnego czyszczenia

ziarna (w języku rosyjskim) // Technika w rolnictwie. - – 2011. - – № 4. - – C. 7-10.

95. Saitov, V.E.; Farafonov, V.G. Uzasadnienie parametrów kanału odpylania urządzenia do oczyszczania ziarna (w języku rosyjskim) // Mechanizacja i elektryfikacja rolnictwa. - – 2011. - – № 11. - – C. 20-21.

96. Saitov, V.E.; Grigoriev, D.V. Podstawowe parametry konstrukcyjne małej komory osadowej (w języku rosyjskim) // Ciągniki i maszyny rolnicze. - – 2012. - – № 1. - – C. 16-18.

97. Saitov, V.E.; Grigoriev, D.V. Zamknięty separator pneumatyczny małych rozmiarów do czyszczenia ziarna (po rosyjsku) // Ciągniki i maszyny rolnicze. - – 2012. – № 7. - – C. 15-18.

98. Saitov, W.E.; Farafonov, W.G.; Suvorov, A.N. Badanie procesu separacji zanieczyszczeń w krzywoliniowym kanale wylotowym oczyszczacza powietrza (w języku rosyjskim) // Mechanizacja i elektryfikacja rolnictwa. - – 2012. - – № 1. - – C. 3-5.

99. Saitov, V.E.; Farafonov, V.G.; Suvorov, A.N. Parametry konstrukcyjne i technologiczne żaluzjowego oczyszczacza powietrza z zakrzywionym kanałem odwrotnym (w języku rosyjskim) // Ciągniki i maszyny rolnicze. - – 2012. - – № 11. - – C. 35-38.

100. Saitov, W.E.; Farafonov, W.G.; Suvorov, A.N. Regulacja prędkości przepływu powietrza w pneumatycznym kanale rozdzielającym za pomocą urządzenia dławiącego (w języku rosyjskim) // Mechanizacja i elektryfikacja rolnictwa. - – 2012. - – № 5. - – C. 6-8.

101. Saitov V.E., Farafonov V.G., Suvorov A.N., Sinyakov S.V. Fizyczne i matematyczne modelowanie procesów separacji materiałów ziarnistych w celu zwiększenia wydajności pracy maszyn do czyszczenia ziarna i nasion: Monografia. - Kirow: FGOU VPO Vyatka SCHA, 2011. - – 176 c.

102. Saitov, V.E.; Farafonov, V.G.; Suvorov, A.N.; Grigoriev, D.V. Opracowanie i udoskonalenie małych separatorów pneumatycznych o zamkniętym obiegu powietrza: monografia. - Kirow: FSBOU VPO Vyatka GSHA, 2012. - – 209 c.

103. Saitov V.E., Farafonov V.G., Suvorov A.N. Badanie procesów w korpusach roboczych separatorów ziarna: monografia. - Saarbrucken: Wydawnictwo Akademickie LAP LAMBERT, 2012. - – 201 c.

104. Saitov V.E. Innowacje w powyborczej obróbce materiału zbożowego: monografia. - Saarbrucken: Wydawnictwo Akademickie LAP

LAMBERT, 2012. - – 152 c.

105. Saitov, V.E.; Gataullin, R.G. Application of the electrophysical modeling in investigations of the air systems of the grain-cleaning machines (in Russian) // International Journal of Applied and Fundamental Research: Proceedings of the International Scientific Conf. "Priority Directions of Science, Technology and Technology Development". - Penza: Typografia Wydawnictwa "Akademia Nauk Przyrodniczych", 2012. - – № 7. - – C. 120.

106. Saitov V.E. Ulepszenie procesu technologicznego lotniczych maszyn do czyszczenia ziarna i nasion (Zalecenia). - Kirow: Państwowa Akademia Rolnicza Vyatka, 2008. - – 87 c.

107. Saitov, V.E. Funkcjonowanie maszyn do czyszczenia zboża zwiększa wydajność poprzez usprawnienie ich procesu technologicznego i podstawowych organów roboczych (w języku rosyjskim) // Postęp naukowo-techniczny w produkcji rolnej: materiały Międzynarodowej Konferencji Naukowo-Technicznej w 3 tomach. - Mińsk: SPC NAS Białorusi w sprawie Mechanizacji Rolnictwa, 2014 r. - T.2. - STR. 109-114.

108. Saitov V.E. , Savinykh, P.A.; Saitov, A.V. Separatory wodne do oczyszczania materiałów ziarnistych z zanieczyszczeń (w języku rosyjskim) // Naukowe wsparcie stałego rozwoju kompleksu rolno-przemysłowego w nowoczesnych warunkach: materiały Wszechrosyjskiej Konferencji Naukowo-Praktycznej poświęconej 80. rocznicy Niżnego Nowogrodu NIISKh. - Niżny Nowogród, 2016. - – C. 226-232.

109. Saitov, W.E.; Suvorov, A.N.; Saitov, A.V. Czyszczenie materiału zbożowego ze stwardnienia sporyszu w roztworach soli (w języku rosyjskim) // Stan i perspektywy rozwoju Centralnego Nieczarnego Zespołu Rolniczego Gleb: zbiór materiałów Międzynarodowej. korespondencyjnej konferencji naukowo-praktycznej poświęconej 120. rocznicy FSBNU Smoleńsk GOSKHOS. - Stolica: FSBNU Smoleńsk GOSKHOS, 2016. - – C. 238-243.

110. Saitov, V.E.; Farafonov, V.G.; Saitov, A.V. Oszacowanie wysokości położenia leja wsypowego w stosunku do poziomu roztworu soli w wannie maszyny do oczyszczania materiału zbożowego według ciężaru właściwego (w języku rosyjskim) // Rzeczywiste kwestie poprawy technologii produkcji i przetwarzania w rolnictwie. Mosołowskie odczyty: materiały międzynarodowej konferencji naukowo-praktycznej - Yoshkar-Ola: FSBOU VPO "Mar. gos. un-t", 2016. - Wydanie XVIII. - – C. 241-244.

111. Saitov V.E., Suvorov A.N., Farafonov V.G. Modelowanie procesów separacji materiałów ziarnistych za pomocą przepływu powietrza: Monografia. - Kirow: FSBOU Vyatka SKHA, 2017. - – 174 c.

112. Saitov, V.E.; Farafonov, V.G.; Saitov, A.V. Zawartość soli w roztworze o różnej gęstości (w języku rosyjskim) // Poprawa wskaźników eksploatacyjnych energetyki rolnej. Materiały X Międzynarodowej Konferencji Naukowo-Praktycznej "Science-Technology-Resource Saving": Kolekcja artykułów naukowych - Kirow: FSBOU Vyatka GSHA, 2017. - Ep. 18. - – C. 267-271.

113. Saitov, W.E.; Farafonov, W.G.; Saitov, A.V. Oszacowanie prędkości zanurzenia ziarna w cieczach (w języku rosyjskim) // Poprawa wskaźników eksploatacyjnych energetyki rolnej. Materiały X Międzynarodowej Konferencji Naukowo-Praktycznej "Science-Technology-Resource Saving": Kolekcja artykułów naukowych - Kirow: FSBOU Vyatka GSHA, 2017. - Ep. 18. - – C. 262-266.

114. Saitov, W.E.; Ustiuzhanin, I.A.; Saitov, A.W. Zastosowanie wodnych roztworów soli nieorganicznych do wydzielania sklerozy sporyszu (w języku rosyjskim) // Uspekhi współczesnej nauki przyrodniczej. - – 2017. - № 2. - – C. 38-42.

115. Saitov V.E. Rozwój naukowy i techniczny produkcji rolnej. - Kirow: OOO "Kirovskaya oblastnaya typographia", 2018. - – 280 c.

116. Saitov, V.E.; Farafonov, V.G.; Saitov, A.V. Badania doświadczalne nad określeniem prędkości zanurzenia ziaren w cieczy o różnej gęstości w celu oddzielenia sporyszu od nasion żyta (w języku rosyjskim) // Metody i technologie w selekcji roślin i hodowli roślin. Materiały V Międzynarodowej Konferencji Naukowo-Praktycznej - Kirow: FANC Północno-Wschodniego Wschodu, 2019. - – C. 312-315.

117. Saitov, W.E.; Farafonov, W.G.; Saitov, A.W. Przedziały ufności gęstości masowej ziarna żyta ozimego odmiany Falenskaya 4 i sklerozy sporyszu (w języku rosyjskim) // Metody i technologie w selekcji roślin i hodowli roślin. Materiały V Międzynarodowego Konf. Naukowo-Praktycznego - Kirowa: FANC Północno-Wschodniego Wschodu, 2019. - – C. 316-319.

118. Saitov, W.E.; Farafonov, W.G.; Saitov, A.V. Badanie zależności względnego rozkładu częstotliwości zanurzenia ziaren w cieczy od wysokości opadania (w języku rosyjskim) // Permski biuletyn agrarny. - – 2019. - №1(25). - – C. 17-22.

119. Sisujew, W.A.; Sawinych, P.A.; Sychugow, N.P.; Sychugow, Ju.W.; Isupow, W.I. Rozwój środków technicznych dla przetwórstwa zboża po zbiorach

(w języku rosyjskim) // Technika i wyposażenie wsi. - – 2006. - – № 10. - – C. 20-24.

120. Sisujew, W.A.; Czajtow, W.E.; Sawinych, P.A.; Czajtow, W.A. Oczyszczanie ziarna z sporyszu (po rosyjsku) // Nowoczesne technologie intensywnie wykorzystujące naukę. - – 2015. - – № 6. - – C. 46-49.

121. Sisujew, W.A.; Czajtow, W.E.; Sawinych, P.A.; Czajtow, W.A. Stan problemu oczyszczania hałd zboża ze szkodliwych zanieczyszczeń (w języku rosyjskim) // Rzeczywiste kwestie poprawy produkcji rolnej i technologii przetwarzania. Mosołowskie odczyty: materiały międzynarodowej konferencji naukowo-praktycznej - Yoshkar-Ola: FSBOU VPO "Mar. gos. un-t", 2016. - Wydanie XVIII. - – C. 248-252.

122. Sysuev, W.A.; Saitov, W.E.; Ustyuzhanin, I.A.; Saitov, A.V. Zastosowanie roztworu soli do wydobycia sporyszu z ziarna żyta ozimego (po rosyjsku) // Nauki rolnicze Euro-North-East. - – 2017. - – № 1(56). - – C. 70-73.

123. Sysuev, W.A.; Saitov, W.E.; Farafonov, W.G.; Suvorov, A.N.; Saitov, A.V. Teoretyczne warunki wstępne do obliczenia parametrów urządzenia do oczyszczania ziarna ze sklerozy sporyszu (w języku rosyjskim) // Rosyjska nauka rolnicza. - – 2017. - – № 2. - – C. 55-58.

124. Sisujew, W.A.; Czajtow, W.E.; Farafonow, W.G.; Czajtow, W.A. Statystyczne oszacowanie przedziału wartości masy właściwej ziarna żyta ozimego dla Faleńskiej 4 i sklerozy sporyszu (po rosyjsku) // Uspekhi współczesnej nauki przyrodniczej. - – 2017. - № 10. - – C. 48-53.

125. Sychugov N.P. Sciitov V.E., Gataullin R.G. Zwiększenie efektywności działania maszyn do czyszczenia nasion poprzez udoskonalenie korpusów roboczych systemów pneumatycznych: monografia. - Kirow: FGOU VPO Vyatka GSHA, 2006. - – 193 c.

126. Sychugov, Yu.V. Modernizacja obiektów pozbiorczej obróbki ziarna: monografia. - Kirov: FGBOU VPO Vyatka SKHA, 2015. - – 188 c.

127. Tarasenko A.P. Seed Injuries Reduction during Harvesting and Postharvest Processing. - Voronezh: FGOU VPO VGAU, 2003. - – 331 c.

128. Regulamin techniczny Unii Celnej TR CU 015/2011 "O bezpieczeństwie ziarna". - Zatwierdzony decyzją Unii Celnej nr 874 z dnia 09.12.2011 r. - – 38 c.

129. Federalny Rejestr Technologii Produkcji Roślin Uprawnych. System technologii. - Moskwa: Inforgroteh, 1999. - – C. 121-164.

130. Fedoseyev P.N. Zbieranie plonów zbóż w miejscach o wysokiej wilgotności. - Moskwa: Kolos, 1969. - – 175 c.

131. Fedorenko V.F. , Revyakin E.L. Grain cleaning - stan i perspektywy. - M: FSNU "Rosinformagroteh", 2006. - – 204 c.

132. Khaziev A.Z. Wybór i agrotechniczne sposoby zwiększania odporności upraw ozimych na sporysz w rejonie środkowej Wołgi: dis. ...Cand. of Agricultural Sciences: 06.01.05 / Haziev Aitugan Zufarovich. - Kazan, 2008. - – 148 c.

133. Chuprina V.P. Kirenkova AE Sporynia na pszenicy ozimej. Zapasy. // Główny agronom. - – 2004. - – № 5. - – C. 34-35.

134. Szaforostow, W.D.; Priporow, I.E. Wskaźniki jakościowe pracy fotoseparatora w technologii frakcjonowania przy separacji nasion słonecznika (w języku rosyjskim) // Międzynarodowe czasopismo badawcze. - – 2015. - – № 1 (32). - Część 3. - – C. 23-25.

135. Shehegova, T.K.; Shchekleina, L.M. Selection of winter rye on disease resistance in NIISKh of the North-East // Żyto ozime: selection, seed breeding, technologies and processing: materials of All-Russian scientific conference. - Jekaterynburg, 2012. - C. 76-82.

136. Shchekleina L.M. Sheschegova, T.K. Problem ziarna sporyszu (Claviceps purpurea (Fr.) Tul.): Historia i nowoczesność (przegląd) // Ekologia teoretyczna i stosowana. - – 2013. - – № 1. - – C. 5-12.

137. Shchekleina, L.M. Egremic diversity on the winter rye sowings in the Kirov region conditions (in Russian) // Methods and technologies in plant breeding: materials of All-Russian scientific-practical conference with international participation. - Kirow: NIISKh North-East, 2014. - – C. 110-113.

138. Yampilov, S.S. Separatory do wstępnej obróbki ziarna (w języku rosyjskim) // Mechanizacja i elektryfikacja rolnictwa. - – 1999. - – № 12. - – C. 17-21.

139. Yanko, W.M. Probabilistyczny model materiału zbożowego trafiającego do przedsiębiorstwa przetwórstwa zboża pozbiorowego (w języku rosyjskim) // Mechanika rolnicza: zbiór artykułów pod redakcją naukowca Wasznila W.A. Żelikowskiego. - Moskwa: Budowa maszyn, 1968. - T. 10. - S. 356-373.

140. Saitov V.E., Farafonov V.G., Suvorov A.N. Technika oznaczania kluczowych parametrów zamkniętych separatorów drobnego ziarna // International Journal of Applied and Fundamental Research. - 2013. - – № 2. – p. 341. URL: http: // www. sciencesd. com / 455-24135 (data uzyskania: 06.11.2013).

141. Saitov V.E., Farafonov V.G., Suvorov A.N. Teoretyczne uzasadnienie decyzji technicznych o podziale mieszanek kukurydzianych // International Journal of Applied and Fundamental Research. - – 2014. - – № 1. – p. 8. URL: www.science-sd.com / 456-24505 (data uzyskania: 23.06.2014).

142. Saitov V.E., Farafonov V.G. , Saitov A.V. Potrzeba opracowania maszyny do dystrybucji doskonałych zanieczyszczeń z materiału zbożowego // International Journal of Applied and Fundamental Research. - – 2017. № 3. – p. 68. URL www.science-sd.com/471-25335 (dostęp 30.10.2017 r.).

143. Saitov V.E., Gataullin R.G., Saitov A.V. Rozwiązania techniczne do stworzenia mechanizmu izolacji sporyszu z ziarna żyta // International Journal of Applied and Fundamental Research. - – 2018. - – № 6. URL www.science-sd.com/478-25452 (data uzyskania dostępu 31.10.2018).

144. Saitov V.E., Kurbanov R.F., Suvorov A.N. Assessing the adequacy of mathematical models of light impurity fractionation in sedimentary chambers of grain cleaning machines // Procedia Engineering: 2nd Internatonal Conference on Industrial Engineering, ICIE 2016. - – 2016. - – № 150. - str. 107-110. DOI: 10.1016/j.proeng.2016.06.728.

145. Saitov V.E., Savinyh P., Golka W., Kamionka J. Zwiększenie skuteczności czyszczenia nasion poprzez lepsze wykorzystanie właściwości strumienia powietrza. // Inżynieria rolnicza. - – 2015. - Wydanie 3(155). - str. 89-99 (w: Russ.). DOI: http://dx.medra.org/10. 14654/ir.2015. 155.139.

146. Sysuev V., Savinyh P., Saitov V., Marczuk A., Kubon M. Ekologiczne problemy przetwarzania nasion po zbiorach. // Inżynieria rolnicza - 2015. - Wydanie 12 2(154). - s. 89-98 (w: Russ.). DOI: http://dx.medra.org/10.14654/ir.2015.154.125.

147. Sysuev V.A., Saitov V.E., Savinyh P.A., Kazakov V.A., Saitov A.V. Doskonalenie maszyn do produkcji ziarna i pasz // International Journal of Applied ond Fundamental Research. - – 2015. - – № 2. – p. 53. URL: www.science-sd.com/461-24816.

148. Sysuev W.A., Saitov W.E., Farafonov W.G., Suvorov A.N., Saitov A.V. Teoretyczne tło obliczeń parametrów urządzenia do czyszczenia ziarna z Ergot Sclerotia // Rosyjskie nauki rolnicze. - – 2017. - Vol. 43. - Nr 3. - str. 273-276. DOI: 10.3103/S1068367417030156.

149. Schultz T.R. Control of Ergot in Kentucky bluegrass seeded Production Using Fungicides // Plant Dis. - – 1993. - – V. 77. - pp. 685-687.

150. Szkodliwe zanieczyszczenia w zbożu [Zasoby elektroniczne]. - URL: http: // www. rsnso. ru /documents / publications / ?n=57 (data wydania 28.11.2015).

151. Ziarno i zanieczyszczenia chwastami. Portal rolno-przemysłowy... [Zasoby elektroniczne] - URL: http: / agro-portal. su / pshenica / 2069-zernovaya-i-sornaya-primes. html (data rozpowszechnienia 28.11.2015).

152. Aspiracyjno-kalibracyjna maszyna do czyszczenia ziarna MAK-10 [Zasoby elektroniczne]. - URL: http: // www. tsm. tvcom. ru / mak. htm (data wskazania adresu: 21.09.2015 r.).

153. Maszyny do czyszczenia końcowego - pneumatyczne stoły sortujące ISO-9N i PSS-1 [Zasoby elektroniczne] - Tryb dostępu: http: // www. Ru / htmledit / download / 76. pdf (data adresu 26.08.2016).

154. Szef Specjalistycznego Biura Projektowego JSC "Czyszczenie ziarna". Produkty [Zasoby elektroniczne]. - URL: http: // www. Zernoochiska. ru (data wskazania adresu: 02.07.2016).

155. OJSC Voronezhselmash. Katalog produktów [Zasób elektroniczny]. - URL: http: // www. vselmash. ru (data wskazania adresu: 02.07.2016).

156. Urządzenia do czyszczenia ziarna. Separator - maszyna do oczyszczania ziarna [Zasób elektroniczny]. - URL: http: /wwww. csort. ru / about / articles / articles_27. html (data adresu: 10.12.2016).

157. Zasada działania kserokopiarki - Firma Sortex [Zasób elektroniczny]. - URL: http://www.sortex.su/sort.html (data adresu: 10.12.2016).

158. Przekładnia ślimakowa 2CH-40, 2CH-63, 2CH-80 [Zasób elektroniki]. - URL: http: //podolsk-privod.ru/catalog/ reduktory-chervyachnye/ reduktory-chervyachnye-0 (data obiegu: 19.03.2017).

159. Separator zdjęć z serii Optima - AGRO-SIMO-MASHBOD [Zasób

elektroniczny]. - URL: http: // www. simo. com. ua / fotoseparatori / fotoseparator-serii-Optima (data adresu: 07.12.2015).

160. Fotokomórki. Katalog [Zasób elektroniczny]. - URL: http: // www. strahlrus. ru / katalog / ochistka-zerna /fotoseparatory-/ (data adresu: 07.12.2016).

161. Separatory zdjęć z Csort [Zasoby elektroniczne]. - URL: http: // www. csort. ru / katalog / (data adresu: 10.12.2015).

162. Sortownik Visual Sorter FSG-250 do czyszczenia separatorów fotograficznych... [Zasoby elektroniczne] - URL: http: // kostroma. russgo. com / post_29695_Fotoseparatory_Visual_Sorter_FSG-250_dlja_ochistki_i_sortirovki_zernovyh. html (data dostępu: 10.12.2016).

163. Fotokopiarka ES-FS-250 - On-Line Grain - Wiadomości... [Zasoby elektroniczne] - URL: http: // www. zol. ru / technika / katalog / (data adresu: 10.12.2015).

164. Separator fotograficzny Zorkiy - Czyszczenie pszenicy [Zasoby elektroniczne]. - URL: http: // www. youtube. Com / watch? v = TyE37kXuh_k& list = PLodxye O-WTvEnIWAYgmTqGyQQhGHRcSF& index=6 (data adresu: 10.12.2016).

165. Zbiory zbóż brutto w Rosji [Zasoby elektroniczne]. - URL: http://www.rosbj.ru/2017/11/15/1254 (data adresu: 18.11.2017).

166. Liczba przedsiębiorstw rolniczych w Rosji produkujących zboże [Zasoby elektrotechniczne]. - URL: https://yandex.ru/images/search?text=% D0% (data adresu: 18.11.2017).

167. Obliczanie trwałości połączeń z kluczem [Zasób elektroniczny]. - URL: http://www.metiz-krepej.ru/shponka/Raschet_shponochnyh_soedinenii_ prochnost.html (data rozpowszechnienia: 14.12.2017).

168. Obliczanie klucza pryzmatycznego [Zasoby elektroniczne]. - URL: http://helpiks.org/2-71418.html (data adresu: 14.12.2017).

169. Obliczanie połączeń spawanych [Zasoby elektronów]. - URL: https://studfiles.net/preview/2799571/page:3/ (data adresu: 25.12.2017).

ZAŁĄCZNIK A

Dokumenty potwierdzające techniczną nowość maszyn czyszczących materiał kukurydziany z zanieczyszczeń

РОССИЙСКАЯ ФЕДЕРАЦИЯ

ПАТЕНТ

НА ИЗОБРЕТЕНИЕ

№ 2616037

МАШИНА ДЛЯ ОТДЕЛЕНИЯ СПОРЫНЬИ ОТ СЕМЯН РЖИ

Патентообладатель: *Федеральное государственное бюджетное научное учреждение "Зональный научно-исследовательский институт сельского хозяйства Северо-Востока имени Н.В. Рудницкого" (RU)*

Авторы: *Сысуев Василий Алексеевич (RU), Саитов Виктор Ефимович (RU), Савиных Петр Алексеевич (RU), Саитов Алексей Викторович (RU)*

Заявка № **2015148311**

Приоритет изобретения **10 ноября 2015 г.**

Дата государственной регистрации в Государственном реестре изобретений Российской Федерации **12 апреля 2017 г.**

Срок действия исключительного права на изобретение истекает **10 ноября 2035 г.**

Руководитель Федеральной службы по интеллектуальной собственности

Г.П. Ивлиев

Kontynuacja załącznika A

РОССИЙСКАЯ ФЕДЕРАЦИЯ

ПАТЕНТ

НА ИЗОБРЕТЕНИЕ

№ 2667066

МАШИНА ДЛЯ ОТДЕЛЕНИЯ СПОРЫНЬИ ОТ СЕМЯН РЖИ

Патентообладатель: *Федеральное государственное бюджетное научное учреждение "Федеральный аграрный научный центр Северо-Востока имени Н.В. Рудницкого" (ФГБНУ ФАНЦ Северо-Востока) (RU)*

Авторы: *Сысуев Василий Алексеевич (RU), Саитов Виктор Ефимович (RU), Гатауллин Рипат Габдуллович (RU), Саитов Алексей Викторович (RU), Уткина Елена Игоревна (RU), Шешегова Татьяна Кузьмовна (RU)*

Заявка № **2017115170**

Приоритет изобретения **27 апреля 2017 г.**

Дата государственной регистрации в Государственном реестре изобретений Российской Федерации **18 сентября 2018 г.**

Срок действия исключительного права на изобретение истекает **27 апреля 2037 г.**

Руководитель Федеральной службы по интеллектуальной собственности

Г.П. Ивлиев

Załącznik B

Elementy dokumentacji roboczej maszyny do usuwania substancji trujących

Zanieczyszczenia MVS-1.0

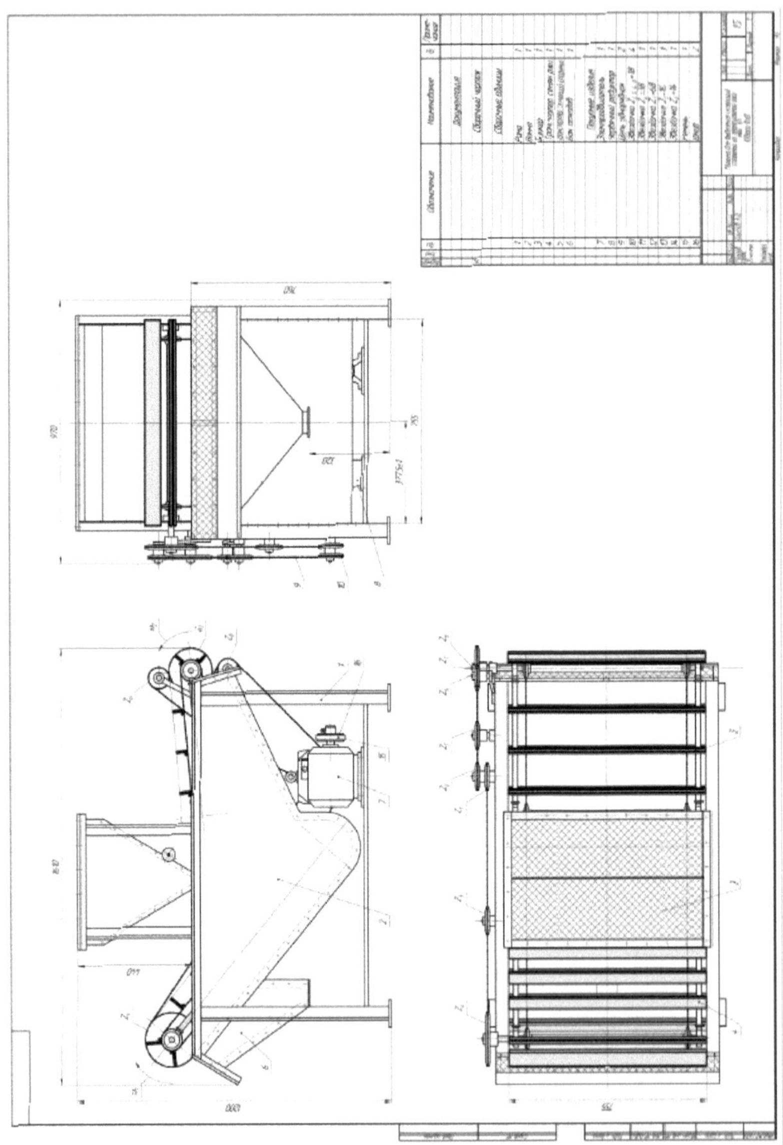

Kontynuacja załącznika B

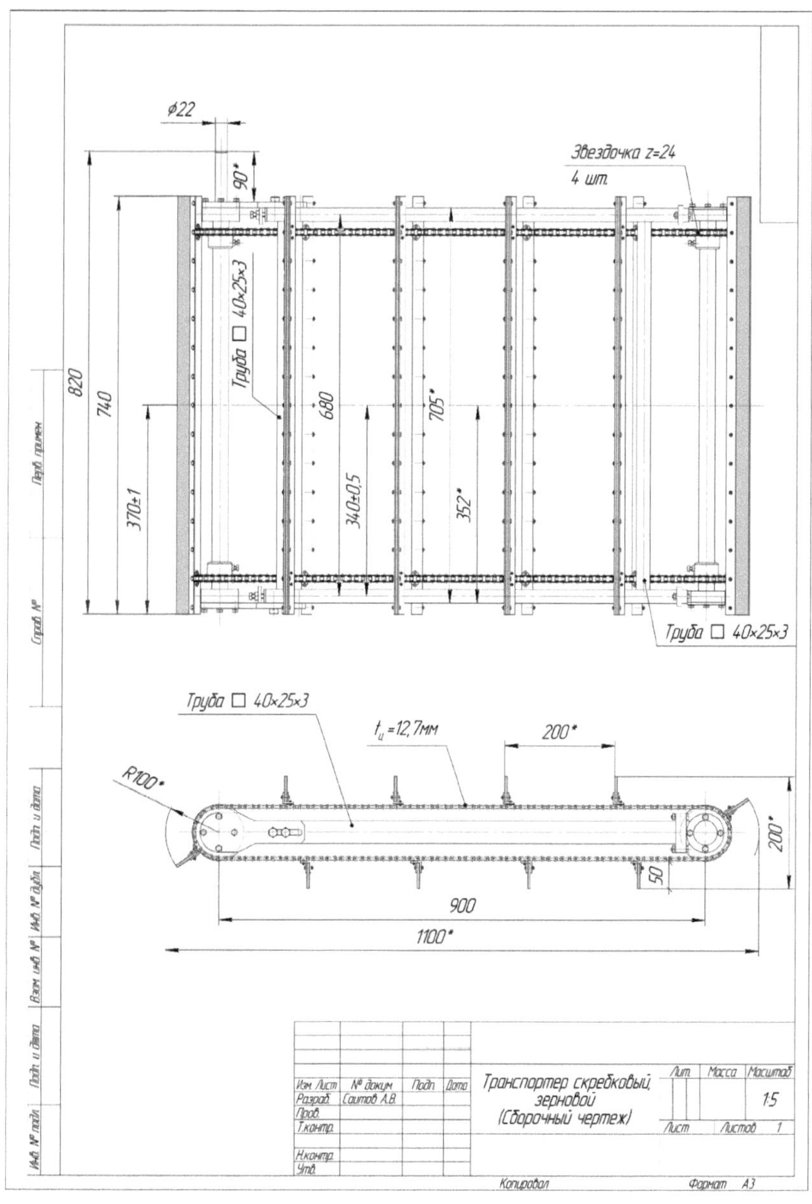

Załącznik B

Podstawowe dokumenty dotyczące zatwierdzenia wyników przeprowadzonych badań naukowych

Kontynuacja załącznika B

ДИПЛОМ

I степени

награждается

студент инженерного факультета
ФГБОУ ВО Вятская ГСХА
Саитов Алексей Викторович

за победу в секции
«Математика и физика»
на XV Международной студенческой
научной конференции
«Знания молодых – будущее России»

Врио ректора Вятской ГСХА,
доцент ***М.С. Поярков***

06.04.2017 г.

г. Киров

Kontynuacja załącznika B

Правительство Кировской области Союз «Вятская торгово-промышленная палата»
ФГБОУ ВО «Вятский государственный университет»

ОБЛАСТНОЙ ИННОВАЦИОННЫЙ КОНВЕНТ

ДИПЛОМ

награждается

Саитов
Алексей Викторович

за участие
в VII Областном
инновационном конвенте

И.о. министра экономического развития и поддержки предпринимательства — Н.М. Кряжева

Президент Вятской ТПП — Н.М. Липатников

Ректор ФГБОУ ВО «Вятский государственный университет» — В.Н. Пугач

Киров 2017

Kontynuacja załącznika B

СЕРТИФИКАТ

УЧАСТНИКА ПРЕМИИ

настоящим подтверждается, что

Саитов
Алексей Викторович

Кировская область

является участником в номинации

ИНТЕЛЛЕКТ ГОДА

V Российской национальной премии «Студент года – 2018» образовательных организаций высшего образования

Руководитель Федерального агентства по делам молодежи (Росмолодежь) — А.В. Бугаев

Председатель Общероссийской общественной организации «Российский Союз Молодёжи» — П.П. Красноруцкий

Президент РМОО «Лига студентов Республики Татарстан» — Р.Р. Киямов

г. Казань, 23 ноября 2018 года

Kontynuacja załącznika B

СЕРТИФИКАТ

Фонд «Сколково»,
Открытый университет Сколково
и
Технопарк «Университетский»

настоящим сертификатом подтверждают, что

Алексей Саитов

принял(а) участие в мероприятиях школы ОтУС

НАВИГАТОР ИННОВАТОРА. ЕКАТЕРИНБУРГ

25 – 28 сентября 2018

Елена Зеленцова	Юрий Сапрыкин	Екатерина Морозова	Марат Нуриев
Вице-президент, директор по развитию городской среды, Фонд «Сколково»	Вице-президент по региональному и международному развитию фонда «Сколково»	Директор Открытого университета Сколково	Генеральный директор АО «Уральский университетский комплекс»

Kontynuacja załącznika B

Общественная организация
«Центр развития инноваций «НОВАТОР»

Кировская ордена Почёта государственная универсальная
областная научная библиотека им. А.И.Герцена

Секция инноваторов Кировской области

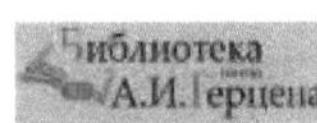

ДИПЛОМ

награждаются

Саитов Виктор Ефимович,
доктор технических наук, профессор

Гатауллин Ринат Габдуллович,
кандидат технических наук

Саитов Алексей Викторович,
магистрант инженерного факультета
ФГБОУ ВО «Вятская государственная сельскохозяйственная академия»

за представление инновационного проекта

«Разработка опытной установки по отделению спорыньи из зерна ржи»

на 78-м открытом заседании
общественной организации
«Центр развития инноваций «НОВАТОР»

Председатель Правления
общественной организации
«Центр развития инноваций
«НОВАТОР»

Зонов А.В.

23 ноября 2018 г.

г. Киров

Kontynuacja załącznika B

Диплом

награждается

Нигматулин Исмагил Нигматуллович

Саитов Виктор Ефимович

Гатауллин Ринат Габдуллович

Саитов Алексей Викторович

за постерный доклад

на IV Международной научно-практической конференции «Методы и технологии в селекции растений и растениеводстве»

и

школы молодых ученых по эколого-генетическим основам северного растениеводства

3-5 апреля 2018 г.

г. Киров, ФГБНУ ФАНЦ Северо-Востока

Руководитель школы
по эколого-генетическим
основам северного
растениеводства,
академик РАН

Kontynuacja załącznika B

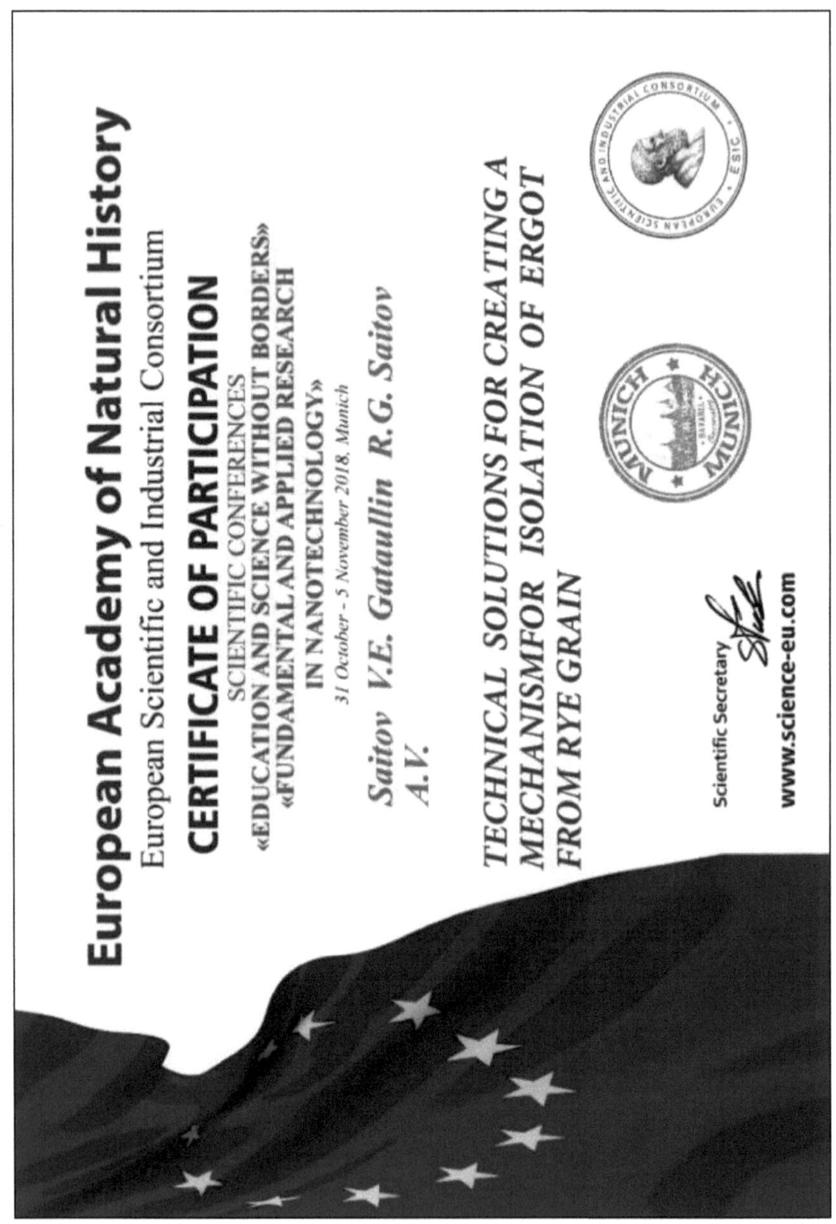

Załącznik D

Recenzje specjalistów z profilu specjalności opublikowanej monografii

Przegląd monografii naukowej

A.V. Saitova, R.G. Gataullina, V.E. Saitova

"ROZWÓJ MASZYNY DO WYDALANIA TRUJŠCYCH SUBSTANCJI GRUBOZIARNISTE ZANIECZYSZCZENIA"

Monografia składa się ze wstępu, 8 rozdziałów, opinii, wykazu głównych oznaczeń i skrótów, wykazu literatury (169 tytułów, w tym 9 zagranicznych) oraz czterech załączników. Praca jest przedstawiona na 131 stronach, zawiera 27 rysunków, 61 wzorów matematycznych i 3 tabele.

Zboża często cierpią na choroby grzybicze, w tym sporysz, na które żyto jest najbardziej narażone, a także inne uprawy (pszenica, jęczmień, owies, zioła zbożowe) w latach wilgotnych. Rosselkhoznadzor przywiązuje dużą wagę do walki z ergot (administracja terytorialna tej Służby Federalnej wydaje corocznie odpowiednie instrukcje). W decyzji Komisji ds. Unii Celnej EURAWG z dnia 09.12.2011 r. Biorąc pod uwagę wielkość sklerozy grzybów z rodzaju sporyszu, są one trudne do oddzielenia zanieczyszczeń i stworzenie maszyny do usuwania takich trujących zanieczyszczeń jest bardzo pilnym zadaniem, szczególnie dla regionów o dużej wilgotności (Syberia Wschodnia, obwód Wołga-Wjatka, obwód leningradzki, strefa nieczarnej ziemi).

LLC "NovoTech", Katedra Nauki i Innowacji Krasnojarskiego UR jest zainteresowana uzyskaniem informacji naukowej na temat rozwoju tej maszyny do wykorzystania w pracach naukowo-technicznych w celu modernizacji procesów przetwórstwa zboża pozbiorowego w warunkach stref wysokiej wilgotności oraz procesu edukacyjnego wydziału inżynierskiego nowych osiągnięć innowacyjnych w prowadzeniu praktyki edukacyjnej i przemysłowej studentów.

Przeprowadzone prace są istotne, mają naukowe i praktyczne znaczenie dla produkcji rolnej, nie mają zabronionych materiałów do publikacji i mogą być zalecane do druku otwartego.

Dyrektor LLC "NovoTech",

doktora nauk technicznych,

Profesor, ekspert RAE i Sibak S.K. Manasyan

Wiodący specjalista ds. zarządzania

nauka i innowacje Krasnojarskiej Administracji Państwowej M.S. Churinow

Kontynuacja załącznika D

Recenzja monografii A.V. Szaitowa, R.G. Gataullina, W.E. Szaitowa

"ROZWÓJ MASZYNY DO WYDALANIA TRUJŠCYCH SUBSTANCJI GRUBOZIARNISTE ZANIECZYSZCZENIA"

Od czasów starożytnych ludzie wykorzystywali zboże do swoich potrzeb. Początkowo tylko do bezpośredniego spożycia, głównie w postaci chleba, a wraz ze wzrostem poziomu życia zaczęto go używać do innych celów: do nasion, do karmienia zwierząt, do produkcji różnych chemikaliów. Jednak w masie ziarna na hałdzie oprócz pełnego ziarna znajdują się nie tylko zanieczyszczenia chwastowe, ale także trujące, do których zalicza się stwardnienie sporyszu. Te trujące zanieczyszczenia powodują różne choroby u ludzi i zwierząt, aż do śmierci. Dlatego też muszą one być oddzielone od ziarna rośliny głównej. Tradycyjne metody oczyszczania ziarna nie zapewniają całkowitego oddzielenia tych trujących zanieczyszczeń.

Jedną z właściwości, o których wartości sporysz różni się od żyta, jest masa właściwa (gęstość masy), co pozwala na zastosowanie wodnych roztworów soli nieorganicznych jako separatora ziarna i sporyszu.

W przypadku mechanizacji uwalniania stwardnienia sporyszu z upraw zbożowych metodą mokrą faktyczną kwestią jest opracowanie urządzenia do oczyszczania materiału zbożowego. Przy wykonywaniu przez daną maszynę procesu technologicznego o odpowiedniej wydajności przydziału sklerozy sporyszu wymagane jest udokumentowanie jego podstawowych parametrów konstrukcyjnych i technologicznych oraz opracowanie dokumentacji roboczej do jego wykonania.

Artykuł przeznaczony jest dla pracowników naukowych, inżynieryjnych i technicznych oraz studentów podyplomowych zajmujących się badaniami w zakresie tworzenia i doskonalenia urządzeń do czyszczenia ziarna. Komentarze i życzenia dotyczące tej pracy zostały przekazane autorom, które zostały przez nich wyeliminowane w wersji odręcznej.

Uważam, że ta praca nie zawiera żadnych materiałów zabronionych do publikacji i może być zalecana do druku otwartego.

Doktor nauk technicznych, profesor w Zakładzie Silników Cieplnych, Automobilów i Ciągników Państwowej Akademii Rolniczej w Witce, specjalność 05.20.01 - technologie i środki mechanizacji rolnictwa

A.A. Loparev

Printed by Books on Demand GmbH, Norderstedt / Germany